精準敘事

12堂課掌握說真實故事的能力，
把你的經驗和專業變成感動人心的內容

洪震宇 著

推薦語

文／李雪莉、宋世祥、張忘形、盧建彰、愛瑞克

我覺得在這個時代，學會敘事有兩個重要意義：

一，好的敘事是透過去蕪存菁的整理和思考，特別是對自己曾經歷過事件的反思，帶有詮釋的視角看一件事或一段關係，比較不會無所適從，有機會安頓自己的思緒。

二，好的敘事也能幫助與我們共事的各式夥伴，不被淹沒在細瑣與超載的資訊大海裡。就像對身在資訊海裡的人投遞一個浮板，讓人減少大腦與身體的疲累，甚至感到喜悅（如本書所說，有Wow的感覺）。

《精準敘事》是一本慷慨與誠懇之作。慷慨在於震宇不藏私地把7W1H，以及4P策略教給讀者，適用在許多行業的工作脈絡，甚至適用於個人生命重點的提煉。誠懇之處則是震宇很強調，要「聽其言、觀其行」，要培養多角度的敘事能力，才不會被刻意的敘事洗腦。

畢竟，敘事最後得面對的是，「你究竟信不信自己說的這個故事」。

——李雪莉（非營利媒體《報導者》總編輯）

洪震宇書寫田野的文章，總讓人驚艷其對於場景的勾勒、人物情節的節奏鋪排、作者觀念提煉之間等的平衡感。這不只因為，他擔任過記者有挖掘故事的能力，曾擔任過副總編輯的洪震宇，更知道如何編輯、導演出一篇篇精彩且又精準的敘事，讓事件現場、寫作者與讀者之間有最流暢的溝通。《精準敘事》是洪震宇的寫作寶典，精煉地分享了其最關鍵的敘事心法與架式。

——宋世祥（「百工裡的人類學家」創辦人、中山大學人文暨科技跨領域學士學位學程助理教授）

我在自己的臉書粉專做《忘形流簡報》，很多人常常問我如何做出那些ICON。但重點根本不是圖案，而是敘事的方法。而這套方法其實不是別的，就是多年前上洪震宇老師的課程，意外踏入敘事的場景，也從中感受到故事的魔力。

我因此發現，說一個故事不需要張牙舞爪，不需要聲嘶力竭，不需要淚流滿面，只需要好好的把一件事情說完，裡面有引人入勝的情節，有動人的衝突，更有豐厚的意義。

如果你覺得你講解專業沒有人聽，那麼這本書是你的救星。專業可以透過觀察與拆解，變成更貼近人的故事，進而引發對方想要了解的好奇。道理可以因為敘事，讓對方聽完後能夠感受，而不是說教的距離。

如果你覺得你說不出故事，是因為沒有生命低谷，或是與眾不同的人生歷程，你讀完這本書後會發現，你覺得沒什麼的小事，都能透過整理，變成帶給他人力量的故事。因為真實，才能帶來共鳴，進而與其他人連結，最終能被記憶。故事不是最終目的，重要的是，我們一起在其中探險，並且帶走的意義。

邀請你一起和洪老師練習精準敘事，讓真實的故事，帶來真實的感動。

——張忘形（溝通表達培訓師）

我的閱讀習慣主要是文學書，小說、散文和詩，幾乎完全不看商管書。我覺得，與其看講故事方法的書，不如直接看故事書，因為小說、電影這些虛構文類來自人性，就能給人高度的啟發。

洪震宇的商業書我卻是幾乎都看。他提出的內容可學習，真誠、有智慧，幾乎可以保證不會浪費你的時間。而且他很愛挑戰自己，對待自己比誰都嚴苛。我常覺得他是自然演化世界裡的自我演化者，是新陳代謝的專家。

精準敘事，不只是說故事，它是你我的事。

——盧建彰（詩人、導演）

市面上講授如何「說故事」的著作不少，然而，能夠整理出一套結合科學理論、實用技巧與個案研討的敘事方法學，洪震宇老師這本書令人驚羨，是我認為這個領域的代表作之一。

我深信透過此書指導的方法，每一位平凡的工作者、教師或父母，都能找到不凡的力量，去影響周遭的人以及孩子們！

——愛瑞克（《內在原力》系列作者、TMBA共同創辦人）

（以上按姓氏筆畫排列）

〔推薦序〕強化敘事能力的方法學

文／游舒帆（商業思維學院院長）

不久之前，有一位想經營個人品牌的年輕夥伴來找我，請我給他一些關於內容經營上的建議。我看了幾篇他部落格上的文章，反問他：「你自顧自地講，卻忽略了這關別人什麼事。你的內容很扎實，但這關別人什麼事？」

對方有點不解地問：「我分享的主題是行銷，這不就跟從事行銷工作的人有關嗎？這難道與別人無關嗎？」

我回答：「舉個例子來說，你是喜歡聽別人中規中矩的講行銷觀念，還是希望對方能透過一個引人入勝的生活案例，帶出重要的行銷觀念呢？關於成功，你是想聽理所當然、毫無阻礙的故事，還是喜歡聽經歷挑戰與困難，最後撥雲見日的故事呢？」

他選了後者。所謂的「與別人有關」，就是邀請對方進入你的故事裡，讓對方與你產生連結。當連結產生，聽你講、還是跟聽別人講，就產生了顯著的差異，而這種「你跟別人不同」的感受，就是你個人品牌的基礎。

想要建立個人品牌，你得學會對聽眾說故事。我認為，沒有什麼故事比自身經驗更能與他人產生連結，更能激起我想跟這個人互動交流的動機。這種說故事的技巧，不只用在經營個人品牌上，用在工作上也非常有效。

過往在工作場合中，我觀察到，懂得以說故事在溝通過程創造與他人連結的人，往往更容易獲得認可與信任。

專業經理人，如果能用老闆有感的案例與材料進行提案，往往更容易爭取到資源；跨部門溝通時，懂得找到部門與部門之間的連結，並且能從對方重視的效益切入，彼此也更容易取得共識。

說故事，早已被認為是職場工作者關鍵軟實力之一。

在這本書中，震宇老師選擇使用「敘事」而非「故事」。他的想法是：「故事是發生什麼事（What），敘事則是要回答為什麼發生（Why）與如何發生（How）。」

這個觀點有觸動到我。我是一個非常強調思考脈絡的人，面對問題時，我總是想問為何（Why）現況會是這個樣子，是因為發生了哪些事情，才逐漸演變成目前的樣子（How）。我認為，唯有掌握了脈絡，才能設計出更好且能持續的解決方案。

所以，我不會看到問題就動手解決，而是會做充分的訪談，從當事人口中聽聽過往發生的事情，藉此了解問題的前因後果。在訪談時，我一般會依循人／事／時／地／物的原則提問。也就是：問問什麼人，在何時，何地，做了什麼事，帶來什麼樣的結果，我會引導他們用本書提到的敘事架構來陳述過往的經驗。

過程中，我一般不會評論，而是傾聽與提問。因為我相信唯有對方願意說，敘事的脈絡才會更完整。最後我會將這些敘事資料加以整合，並輔以對現況、對事實的考證，藉此獲得現況的真實成因，讓我能精準地提出當下問題的解方。

我會把這樣的技巧，運用在帶領跨部門專案、空降主管，或自己擔任企業顧問工作時，大家往往更能接受我提出的各種做法。因為在訪談時，我引導他們敘事，讓他們有機會更清楚地陳述過往的經驗，我也會回饋我的理解，藉此創造彼此的連結與建立信任。而我是在理解問題脈絡後才提出解決方案，大家不會覺得我是個搞不清楚狀況的人，輔以我的專業能力，我往往能一次就讓大家感受到，我真的是來跟大家一起解決問題的，你可以相信我。

過去幾年，我一直在尋求能強化團隊或學生們敘事能力的方法，我嘗試用自己的方法教，但效果始終有限。

《精準敘事》讓我找到了答案。這本書不僅將敘事的步驟與流程說得清清楚楚，還拆解了不同場景下的應用案例，是一本用敘事法來談論敘事觀念的好書。在我拜讀完這本著作後，我興奮地跟震宇老師分享我的收穫，也獲得了他的真誠回饋。

如果你想透過敘事來強化與他人之間的連結，那你該讀這本書；如果你想強化自己在溝通過程的說服力，你也該讀這本書；如果你希望能為自己的生命留下紀錄與足跡，那你更該閱讀這本書。

〔推薦序〕WOW！精準敘事！

文／林怡辰（原斗國小資深老師）

繼《精準寫作》、《精準提問》後，震宇老師又交出一本擲地有聲的著作《精準敘事》。震宇老師的作品有口皆碑，觀點擲地有聲，書寫方式清晰好讀，內容含金量高，光讀後面的參考書目，就知道下了苦工融會多本書籍的精華，不容錯過！

書中既有理論，也分享技巧和實戰應用。這些都是震宇老師多年公開課的精華，與進行企業培訓的經驗中千錘百鍊而來。這些接地氣的理論知識和實務方法，讓每個工作者都能一步步跟著，以具體的步驟架構，不斷刻意練習。震宇老師書籍的一大特點正是：不打高空，親切好上手。

談到這本《精準敘事》，初始，我也不太理解，「敘事」和「說故事」有什麼差別。原來，精準敘事從思考到表達，不只是虛構的故事，而是精準地抓取事實、組成意義，流暢地說出故事，進而用於說服、說明和教學等⋯⋯。擴及商業簡報、提案、演講，精準敘事可以抓住聽眾注意力，留下深刻印象；新聞稿、文案、專案計畫，一讀就懂，並獲得認可和贊同。

這本書也強調，每個人的生命中都有寶藏。故事不只是虛構的小說和戲劇，最好的故事就是親身經歷的故事。懂得敘事手法，即便不渲染、不誇大，了解聽者的需求，透過具體的情境、生動的情節，也能讓聽眾產生共鳴、進而認同，達到溝通。

身為教育工作者的我，翻開第十一章敘事教學力，在這樣的脈絡之下，更想知道精準敘事在教學上可以有什麼樣的助益？

「我們想把很多的知識、觀念和想法帶給學生，單向講述、提供大量事實資料，缺乏有效互動，更沒有從學生實際需求出發的教學方式，很難進入學生心中。」

「而敘事思維，則是站在學生導向的拉力思維，揣摩學習的問題與感受，思考如何引發學習需求、帶動情緒，再回推課程內容要如何有效傳遞。」

震宇老師簡單的這兩段話，就把教學現場中如何連結敘事清楚寫出。老師必須清楚有條理地組織教材，利用敘事引發學生好奇、進而思考，在過程中理解並記住概念，進一步能做延伸，甚至用來解決問題。老師若能大量類比或是提供脈絡，就能幫助學生連結新舊概念；要達到提升注意力、讓學生主動參與、回饋孩子錯誤和固化概念這幾個教學目標，「敘事能力」都是其中的關鍵。

那麼，老師應該如何提升自己和學生的敘事能力呢？這本書分為三大部分：觀念、技巧到實戰。技巧篇循序漸進提出了以下工具：故事的6W元素，故事模式四象限（英雄／領導模式、冒險／探索模式、關係／情感模式、創新／溝通模式）。再加上故事線4P重點：Purpose（目標）、Problem（阻礙和難題）、Promise（決心）、Practice（付出），敘事就此有了骨架、血肉。最後，加入三幕劇和故事九宮格，故事即有了靈魂。書中也引用了電影、韓劇的代表作品為示範，讓讀者更知道自己的架構如何搭建。

震宇老師長年接觸企業、學校、組織、社區、部落，實戰篇中探討的個案，因此涵蓋了教育、商業、文化、社區等。不論你是想利用敘事增進簡報演講的專業能力，提升文字書寫功力，在職場內外充分溝通傳遞價值；或是你在教育現場想利用敘事加強學生思考邏輯、學習興趣和效能；或是你是地方創生的文化工作者，相信都可以在這本書中，看見自己的實務、案例和方向。

〔推薦序〕尋找定位自己更精準的敘事

文／李明璁（社會學家、作家）

震宇邀我寫序，我一口答應卻又隨即後悔。答應是基於超過三十年的兄弟友誼，當然義不容辭；後悔則因擔心萬一沒能寫好，未達書中「精準敘事」的要求，反倒成了錯誤示範豈不尷尬。

該怎麼破題，無論對哪一種敘事都是難題，寫序亦不例外。現在我該先來摘要評述一下這本書的精華呢（學術著作大概會這麼來），還是從更大一點的脈絡展開鋪陳，提供讀者進入本書的背景資訊（厚重的小說可能需要）？又或者，聊聊作者鮮為人知的小故事如何？

一般而言，敘事都會話說從頭、娓娓道來，不然就採倒敘法，先揭露答案或結尾，引人好奇再回溯推進。如果大膽破格一些，就可能在漫長時間軸裡，選取某段堪稱轉捩的切片故事。對震宇和我來說，未來若寫回憶錄，最具戲劇性的開頭，絕對不是還算順暢的求學時期，反而是兩個人在邁向中年之際、分別都曾遭遇的生涯驟然轉折。

就像震宇所說：「故事是發生什麼事（What），敘事則是要回答為什麼發生（Why）

與如何發生（How）。」我永遠記得，多年前自己在遭逢轉職風暴時，震宇不只是個力挺到底的兄弟，甚至更像一位睿智的前輩，提點我該如何理解這一切比電影還電影的人生荒謬腳本。

「說故事對多數人來說，是藉此梳理自己的記憶與經驗，賦予生命意義，能與他人建立連結，期待更能探照未來、勇敢前進。」這句話雖然現在才出現這本書上，但回想當年，震宇已是如此扎實賦予了探照未來而勇敢前進的敘事能量（很巧我轉職後創業的團隊名字就叫「探照文化」）。

震宇有此智慧，其實源自更早他毅然決定離開媒體舒適圈，投入獨立自營的顧問、寫作與教學工作。從記者到作者，他持續走訪全台、深入鄉里傾聽各種動人故事。無論情緒歡喜或憂傷、情節單純或複雜，震宇所得到的各種啟發，引領著他突破框架、走向新路。

也於是，我們從高中同校，喜歡寫作，到進了同一所碩士班，還變成同寢室友，而後他當了記者、我當了學者，人生好像依循一種還算「成功」的敘事前進，卻沒想到先後離開了順利軌道，在不可抗力與奮力抗命中，積極尋找能定位自己更精準的敘事。

回首來時路，震宇的嚴謹認真有目共睹。他是我所認識朋友中，自律程度與工作績效都極高標的自由工作者，他曾說：「寫作是一場長跑，不能慢慢走，必須持續跑起來」。相對的，我至今還是慚愧地無法精準律己（否則我就不會現在三更半夜才在趕著寫這篇邀稿了）。代讀者向持續跑著的震宇許願，這個「精準」系列作品絕對可以無限延展，比如「精準多工」、「精準運動」甚至「精準養生」等等不斷寫下去。

法蘭西斯·培根（Francis Bacon）曾說：「閱讀使人廣博，討論使人機敏，書寫使人精確。」至今我無論在學院教育或產業實作中，持續帶領學生和夥伴朝此三大方向前進，而震宇的「精準三部曲」（寫作、提問、敘事），恰可作為大家精準練習、比各種方法學的教科書還有效、且更有趣又有啟發的案頭必備。

此外，我特別欣賞震宇的寫作風格，他的行文總是清爽俐落、有深度但不賣弄。整本書明明做了很多功課，卻盡量不高談抽象理論，也不只羅列經驗案例。震宇豐富多元的斜槓實戰累積，讓他總能迅速鎖定問題、清晰歸納與操練指引，並據此引領讀者大眾循序漸進地聚焦自我的改變。

話說回來，我其實無法、也不想只從工具效用的角度來推薦此書——這太可惜了。畢竟，精準敘事可不是做好PowerPoint的邏輯，更仰賴充沛的感知和同理，並由此打動人心。震宇一直以來的作品（無論是榮獲金鼎獎或暢銷熱賣的），最大的特質不只是條理分明、系統清晰，更充滿溫暖分享、連結他人的誠懇心意。

三年前，我在金鼎獎頒獎典禮上，以評審代表身分，將國家出版最高殊榮的獎座頒給了震宇，這是情同兄弟的我們此生難忘的感動時刻。我恭喜他「啟人無數也造福鄉里」，同時也感恩他「在人生轉折路上，賦予勇氣的前行想像。未來還請繼續多多指教。」於此就藉這篇序言，再次謝謝「精準三部曲」壓軸的這本書，果真應驗「請繼續多多指教」的我心期待了。

目錄

第二部　技巧篇　73

第三部 實戰篇

前言　找到讓自己WOW的力量

生命不是一個人活過多少歲月，而是他所記得、以什麼方式記得，而述說出來的人生。

——賈西亞．馬奎斯（Gabriel García Márquez）

這是我最想寫的一本書，也曾是一本我最不想寫的書。

十四年前，我離開媒體工作之後，最早開始的演講與教學主題就是「故事力：如何說出好故事」。九年前，我成為台灣第一個開設說故事公開班的專業講師，也同時在企業內部培訓故事力。

我的教學對象很多元，想了解說故事的組織與單位橫跨不同業別；從百貨超商、餐飲、高科技、傳統產業、醫療製藥、精品、金融保險、廣告媒體，到舞台劇團、公益團體與各級學校的老師，還包括政府組織、社區與部落（其中不乏帶著許多七、八十歲的長輩說故事的經驗）。我甚至還遠赴馬來西亞與中國大陸開課。

多元的對象讓教學過程充滿挑戰。他們的背景、產業特色與面對的問題都不同，我得適應不同狀況與需求，也刺激我持續鑽研說故事的方法，累積更多教學的實戰經驗。

因此，我想整理自己的教學與工作經驗，寫一本如何敘事的方法書，幫助更多讀者說出自己的故事。

現有的說故事書不足處

近年書市中已有大量國外作者與本地作者討論說故事的書，有些強調劇本創作，另一些則強調行銷、口語表達、激勵、領導與寫作。我自問，我來談說故事的方法如何與眾不同？我的敘事方法書如何找到獨特定位？

還未找到答案之前，我一度想放棄寫書。然而，當我廣泛閱讀現有的故事方法書，對它們的內容仍有不滿意，由此我嘗試找到還能發揮的空間。

我將市面上已有的敘事方法書，歸納為三種不同類型。第一種類型是劇本專家或小說家所寫的，這是目前最多數的故事方法書，以創作虛構故事或電影劇本為主。

影視戲劇是要娛樂大眾、製造社交話題。因此，編劇說故事時需要精心構思與布局，藉由多線故事與多重視角交織進行，才能讓故事層次豐富、高潮迭起。儘管這類型的敘事方法最專業，但是手法過於複雜，案例也往往是與讀者無關的電影情節，讀者除非想要創作虛構故事，在真實生活中不易連結與應用。

第二種類型以學者論述為主，偏重說故事的理論。內容探討敘事的重要性與意義，也提供科學根據，但是欠缺應用方法，對於實際說故事的幫助很有限。

第三種類型主要是行銷、銷售與口語表達專家撰寫的，內容偏重刺激消費或塑造個人形象，往往流於誇示技巧與表演性質。我認為這類書有三個缺點，第一是強調商業利益的操作，窄化敘事的意義。第二，方法架構比較簡略，偏重小技巧、甚至是話術，缺少背後原因且不夠深入。第三，有些著作以激勵與啟發為主，沒有系統的應用方法。

說出真實故事的渴望

從我的教學經驗、跟不同領域的人訪談或合作，能感受大家想說出自己真實故事的渴望。面對大環境衝擊、人生與職涯的挑戰，我們想整理自己的經驗，找到人生確切的意義，或是進行專業溝通，獲得他人認同，甚至更想找出改變現狀的力量。

然而，多數人都缺乏敘事的能力。就算我們知道很多事、經歷很多事件，那些都只是外在表象（what），如果我們很少去探究發生原因、個人感受與想法（why），也沒有仔細注意、觀察事情如何發生（how），忽略人事物變化與重要細節，就無法把經驗變成故事。

我先為大家釐清故事（story）與敘事（narrative）的差異。故事是發生什麼事（What），敘事則是要回答為什麼發生（Why）與如何發生（How）。前者像是結果與名詞，後者則是動詞，代表有情節變化，例如金馬獎的「最佳劇情片」，英文就是「Best Narrative Feature」。

從真實故事角度來說，敘事有兩種意義。首先是統整個人凌亂經驗，讓內容引人入勝的方法；其次是傳達文化內容、凝聚議題共識的意涵。例如談到二二八事件，我們會想起一九九〇年上映的電影《悲情城市》的內容、主角與畫面，這就是《悲情城市》對二二八事件的敘事與詮釋。

因此，敘事力也是影響深遠的文化力。從個人、家庭、社區、企業組織、社會到國家，都需要精準敘事的能力，才能傳達凝聚人心的影響力。《敘事本能》指出，敘事像是一張網，「連結起我們的記憶、我們的自我、我們社會裡的他者與我們生活其中的文化。」

文化力的根源，來自眾多真實生命經驗的匯流。我認為一般人沒有創作虛構故事的需求，更不想加油添醋與無中生有，刻意操弄他人情感；說故事對多數人來說，是藉此梳理自己的記憶與經驗，賦予生命意義，能與他人建立連結，期待更能探照未來、勇敢前進。

《精準敘事》的四個特色

因此，我特別以「敘事」取代一般使用的「故事」，希望精準傳達動態的方法與力量，以及更宏觀深遠的文化影響力。本書提出的敘事方法學，希望幫助大家說好真實故事，創造感動的力量與專業影響力，內容有四個特色：

第一是說出真實故事的重要性。最近熱門的話題是ChatGPT，這種人工智慧已經可以寫出論述文章，甚至創作虛構的故事，似乎能取代人類很多的表達能力。

不論ChatGPT功能有多強大，它都是從既有網路資料來統整，而人類唯一無法被ＡＩ取代的，就是生命經驗塑造的真實故事。

只是，故事隱藏在人的大腦記憶之中。如果沒有被提取、回憶、整理、重新詮釋與敘述出來，就永遠隱藏在記憶深處，不僅自己沒察覺到，他人更無從感知與理解。

本書要帶領讀者將自身經驗轉換成真實故事，與自我、他人溝通連結。書中的個案多來自教學經驗中的真實故事，透過細部拆解與比較對照，讀者更能參考與應用。

第二是多元情境的應用。多數的故事方法書都是分析電影情節，或是引用老生常談的名人故事，與我們的真實情境連結有限，很難引發共鳴與參考價值。

一位廣告公司主管告訴我她的上課動機：「我會指出同仁提案簡報的內容沒有吸引人的故事，老實說我卻不知道要如何有故事，我需要學習這套方法，才能提升同仁提案的故事內容。」

除了簡報提案，敘事力還有更多元的應用範圍。本書第三部實戰篇就提到五種實戰情境，說明許多專業領域都需要敘事力的基本功。

第三是創新能力的學習。故事不是只侷限在神話、虛構的小說與電影，故事核心在於突破框架、改變現狀，就是一種創新能力。

創新需要透過拆解來深度學習。從公司、政府單位到各種組織都在談創新，如果只參考國外商業書的個案，很難應用與內化。其實，我們只要透過深度訪談，找出企業內部的創新經驗，透過細部拆解關鍵要素，把它們轉化成可被分享的故事，更能引發共鳴與應用。

本書的第九章到第十一章，就有具體的方法、個案故事與教學方法，讓企業組織學習創新能力。

第四是關懷與尊重多元價值。社會上有許多人不擅長表達，其中有些是需要被重視的獨特行業，有些則是長期受到忽視的弱勢族群。我們需要打開好奇心，透過觀察、提問與敘事能力，呈現他們的故事與觀點，打破刻板印象，建立多元想像、理解與包容。本書的方法架構，讓我們可以透過訪談與轉述，幫助更多人說出他們的故事。

我想透過本書傳達兩種**Wow（驚訝、好奇與驚奇）的力量**。第一是透過敘事的轉折變化，讓他人驚奇與啟發的Wow。第二是回到敘事者的初心，培養開放的好奇心Wow，探尋各種可能性、了解事物本質，從平凡中找到不平凡的特色。

敘事教學的挫折與轉折

在敘事教學這條跌跌撞撞的路上，我就經歷兩種Wow的力量。

二〇一四年底，我剛出版《風土餐桌小旅行》，受邀在當時的誠品敦南店開了十堂課。這個週四晚上的課程竟吸引近百位學員，最後一堂課是「說故事的技藝」，更有一百四十人報名，現場爆滿到得增加椅子才行。

我發現，原來很多人想要學說故事。但是，面對一百多位學員，我只能講述故事的意義粗略方法，難以深入互動。我就此動念，要以小班制的互動討論幫助大家提升敘事能力。

然而，經驗不足的我遇到兩個難題。我沒有開過公開班，不知道該如何行銷，要找誰合作，教室在哪裡？另外，從兩小時演講到十小時的實作課程（我以前最多開過四小時），更是教學上的挑戰。

我想起一位可能幫得上忙的朋友。他是聲音表達的專業講師周震宇，我們因為扶輪社演講邀約結識。他跟太太馬可欣經營的澄意文創公司，有豐富的公開班經營與教學經驗，我特別請教他們，也尋求合作機會。

周震宇認為我們的經驗可以互補合作，由澄意文創負責招生。執行長馬可欣則將課名定為「好好說故事工作坊」，她認為好好地說一個故事，呈現誠懇的質感風格，才是學員需要的能力。我也設計出兩週各五小時的課程內容，並運用「三幕劇」的架構（請參考第二部內容）來引導學員實作練習。

工作坊開班後連續好幾期都額滿，教學內容也頗獲好評。不料後續的報名狀況逐漸下滑，有時得延期才能開班。我開始懷疑這堂課是否還要繼續，我能在故事領域發揮影響力嗎？

有一天我去拜訪故事工廠藝術總監黃致凱，請教他創辦劇團的過程，如何產生創意。他不經意提到，他為他的老師、已故戲劇大師李國修編著的《李國修編導演教室》，帶給他很多啟發。

我研讀之後，注意到書上有一些圖表。這是將外在事件，角色處境與想法，透過表格幫助讀者理解。這些表格引發我深思，該如何將表格轉成更具體的步驟，幫助學員說故事？

我就此找到了解決教學問題之鑰。敘事架構是讓劇情有轉折的三幕劇，每一幕要有外在事件、主角內心想法，以及展開具體行動的情節，我之前沒有拆解得這麼仔細。我用筆在紙上畫來畫去，3×3，唉呀不就是九宮格嗎！我思索一整個下午，反覆推敲調整，終於完成**故事九宮格**的架構（請參考本書第七章）。

故事九宮格，引導思考與表達的敘事流程

這是一套引導思考與表達的敘事流程。九宮格在時序與因果關係上環環相扣，我可以引導學員將雜亂經驗去蕪存菁，敘述出精彩生動的故事。

我以九宮格為核心，重新調整講課流程，學員敘事品質果真有所進步。以前一班只有三成學員能說出流暢的故事，應用九宮格之後，竟提高到八成。不少學員告訴我，會將九宮格貼在辦公桌旁，藉此釐清提案簡報或故事重點，讓表達更聚焦。

故事九宮格是我的教學轉捩點。不僅改善學生的敘事能力，也打開口碑與知名度，陸續有不同企業邀請我開課，讓我能精進教學方法與累積經驗。

這一整個曲折是讓我難忘的Wow。我先是突破了自己沒有公開教學的經驗，幸運地找到合作的機會與對象；接著我領悟到，教學不是提出一堆厲害的知識與概念，而是要有具體步驟與架構，才能幫助學生真正應用。這也促使我後續開提問、寫作與企劃課程，都會先規劃實用的步驟流程。

這個摸索經歷也影響了我的寫作態度。我後續出版的「精準三書」都有相同的基礎心法：《精準寫作》的ROA（Reader, Objective, Action）、《精準提問》的問題意識與《精準敘事》的敘事思維，都想提醒讀者：**要先站在他人角度，努力思考如何貼近對方的需求與感受**，才能讓對方能理解自己的觀點、提問主題，以及故事的意義。

養老部落的Wow

去年暑假結束前，好友約我們一家去民宿度假，但我早已答應要去新竹尖石泰雅族養老（yulow）部落教說故事，只得放棄這個機會。

為了這堂五小時的課，我得耗掉一整天的時間。從新竹高鐵開車到部落來回就要五小時，清早六點多出門，回到台北的家早已超過晚餐時間。

上課時，原本預計有十多人參加，前一小時只來比令與幸腕這對夫妻，他們是部落主要核心人物，認真投入學習。後來又有兩位學員加入，但中午休息時，她們要去採菜而離開，族人來來去去，影響我的教課心情。

還好下午族人又陸續出現，總算湊滿八人，上課氣氛逐漸穩定。大家練習敘事時，有人說部落搬遷的故事，從原本有土石流隱憂的山坡地，搬到另一個安全之地。我很好奇，部落怎麼會住在危險之地？原先應該不會住這裡。我的提問引發討論，大家也講不清楚，只說過去的故事都快忘光了。

此時，比令的母親、白髮蒼蒼的YaYa（泰雅語媽媽之意）突然說話。她說以前不是住在這裡，而是在深山裡面，日本時代族人為了長期對抗日本警察，得藏在山裡，國民政府來台之後，就將部落遷到此地，沒想到遇到颱風，出現土石流危機，部落才想要搬遷。但是蓋新房子需要經費，族人得四處打工，花了五年才湊足搬遷經費。

YaYa講完後，大家紛紛補充內容，將部落搬家過程說得更清楚。接著比令說了復耕小米的故事，由於小米很難栽種與採收，還有保存不易的問題，部落已有四十年沒種小米，只能去其他地方購買。

YaYa刻意保留種子，希望有一天能再種出小米，傳承部落文化。比令決心完成母親心願，一面種小米，一面重蓋穀倉。由於興建穀倉技術頗難，一些族人就冷眼旁觀。等到小米收成、穀倉也蓋好了，眾人圍觀堆滿小米的穀倉，有幾個人也激起想要復耕小米、重蓋穀倉的熱情。

我站在穀倉前撫觸一把金黃色的小米，聆聽比令解釋養老（yulow）的意思。原來這是支撐穀倉的支柱，上緣有個類似碗狀、防止老鼠攀上的弧形阻隔板，就叫yulow。以後到部落深度旅遊，就能來此了解部落名字的由來，以及小米復耕的故事。

課程結束後，YaYa緊握我的手說：「謝謝你讓我們找到自己的故事。」

這個故事不只讓族人找到Wow的力量，也讓我有新的體會。每個人都擁有那顆像小米一樣珍貴的故事種子，要有意識的細心栽培，才能活出與說出真實故事，找到讓自己Wow的力量。

第一部

觀念篇

第一章　認識敘事思維：

用真實的故事打動人心，發揮影響力

我們常常提到說故事很重要，但什麼是「故事」，每個人的認知幾乎都不一樣。實際上，故事往往跟我們想的不一樣。

我想點出一般人對故事的三個盲點。第一，故事不只有虛構的，還有**真實的人生故事**。第二，說出真實的經歷，不見得就有故事，人生經驗往往只是**故事素材**而已。第三，故事不一定要刻意誇張渲染，**平實深刻的故事**更能感動人。

本書以真實故事出發，幫助大家無論是分享自己的人生經驗，或是專業溝通，還是找尋地方特色，都能有步驟、方法說出真實的好故事。接下來，我先舉一個說故事課程的例子，分享如何說出好故事。

我曾培訓一家藥廠業務同仁說故事，當教完敘事方法之後，開始進行實際演練。副總經理自認是公司最會說故事的人，自告奮勇先分享自己的故事。他講了很多片段的職場經驗，但是每個經驗都是點到為止，馬上又跳到另一個經驗，中間還穿插一些人生理念。等到他講了八分鐘（規定四分鐘）之後，全場一片靜默，因為副總的內容時序混亂且夾議夾敘，大家沒有聽到重點，不知道他想表達什麼，不少同仁偷偷注意我的表情，不知道我會如何講評回應。

我只有說，副總談了很多理念，故事卻有點薄弱，而且故事一定要聚焦某個事件，不要一次講太多事情，才能讓大家專注且理解。

輪到下一位業務上場。他的業務工作是去醫院拜訪醫生，先打好關係才能推薦新藥，但有太多藥廠業務來拜訪醫生，彼此競爭壓力很大，他與醫生的關係也很淡薄疏離，業績起起伏伏。由於工作忙碌，讓他的健康指數亮紅燈，他決定以過去最擅長的桌球來維持運動習慣，希望改善身體狀況。

有一次醫生無意間聊到興趣是打桌球，但技術一直無法提升，他提到自己擅長打桌球，可以交流切磋球技。聽到是桌球同好，醫生眼睛為之一亮，馬上約了打球時間，後來這位球技高超的業務竟成為醫生的教練，也因為教球的口碑，他還擔任好幾位醫生的教練。

「你的業績有改善嗎？」我問這位桌球高手。他回答，當他成為多位醫生的教練之後，不再是業務與客戶的關係，而是教練與學生的關係，透過打球增加很多共同話題與信任感，現在他不僅成為業績高手，更改善自己的健康狀況。

透過副總跟業務高手的故事對比，敘事能力立刻分出高下。由於副總沒有依照我的方法來敘事，還是依照他習慣的表達方式，以為說出空泛的理念與想法，就代表口才好，也等於會說故事。另一方面，業務高手掌握敘事重點，知道如何去蕪存菁，並說出具體的人事時地物細節，豐富故事內容。

我們以為的故事，常常不是故事

這個對比也凸顯故事（story）不等於敘事（narrative）。我們說出自己的過往經驗，往往是一些零碎的記憶片段，那只是故事素材，卻不足以支撐成為豐富完整的內容。

故事本身不會說話，透過敘事才能讓故事流暢成形。故事是**發生了什麼事（What）**，敘事則是要回答**為什麼發生（Why）**與**如何發生（How）**。前者像是結果，後者則是動態、有情節變化的過程。

敘事是一種表達故事的方法。要先找出故事的時間軸線，關鍵轉折點與內容重點，再將如碎片的經驗、散亂無序的事件，加以編輯排列，並找出當事人（主角）的想法、行為與事件之間的因果關係，最後再賦予這段故事歷程獨特的意義，目的是讓他人好奇、理解，最後能引發共鳴與認同。

敘事也像是料理故事食材，轉化為一道道可口菜餚的手法。顧客吃下肚裡、留在腦中難忘的是「故事」，主廚對菜單的安排、料理食材的過程，以及介紹每道菜的想法與食材，則是「敘事」。

敘事包括兩個層次：**敘事思維**與**敘事能力**。敘事思維像在黑暗中用手電筒探照出方向，敘事能力則是帶著聽眾與讀者一步步走上故事的旅程。在剛剛的例子中，副總沒有站在聽者的立場思考，要傳達什麼內容才能讓他們印象深刻，

故事（story）	敘事（narrative）
發生什麼事（What）	為什麼發生（Why）與如何發生（How）
事件結果 EX. 顧客吃下肚的一道道可口菜餚	**動態、變化的過程** EX. 主廚對菜單的安排、料理食材的過程，以及介紹每道菜的想法與食材

表1-1　故事與敘事的差異

業務高手則是藉由敘事思維聚焦在業績、個人健康與桌球三個重點。接著他再運用敘事方法，將這些經驗素材（業績、健康與桌球）重組成一個有脈絡、有前因後果，有滋有味的故事，幫助我們理解在業績競爭壓力下，自己健康出問題，透過桌球運動怎麼改善健康狀況，也意外獲得好業績的故事。

我們是敘事動物

敘事是人類天生的本能。從遠古時代當人類懂得運用語言之後，就開始不斷地說故事直到現代；只是遠古的人是圍聚在營火旁，我們現在則是觀看媒體與手機上的資訊。

說故事對人類有三個重要目的，讓人類能夠長期演化發展，不被淘汰。

第一個是**建立想像力**。歷史學家哈拉瑞就在《人類大歷史》強調，人類（智人）成為當今地球上最重要種族的原因，並不在個體與其他物種的差異（例如體能或頭腦），而在人類有組成合作群體的能力。他認為，人類能夠合作的原因，在於一種「虛構」的想像力，透過敘事創造各種讓大家相信的虛擬概念，包括宗教、政治、法律、經濟，大家為了共同目標而合作努力，讓想像成為現實。

「敘事能發揮神奇的遠距影響力，跨越各大時代與地理空間，將眾多個體整合成擁有共同價值觀與共同願景的群體。因此，人類的文明意識可說是由敘事所建立的。」《敘事本能》指出。

第二個是**社交溝通力**。當人類有了語言，透過語言中介，可以跟更多人溝通，了解自己經驗以外的世界，能夠在社會網絡中交換消息情報，除了凝聚群體，更能八卦聊天，娛樂紓壓。

因此，會敘事的人，能夠幫自己或他人從記憶中提取過往發生的事，並將這種雜亂經驗整理成有開頭有結尾的內容，藉由敘事的表述能力，為自己或他人的過去、現在與未來賦予意義。

「此種組織經驗的敘事如果成功，人對生活就會有連續感和意義感，我們也據此安排日常生活、詮釋未來經驗。」《故事・知識・權力》分析，「所有的故事都有起源（歷史）、中間過程（現在）與結束（未來）。因此，對當下事件的詮釋不但由過去的經驗塑造，也由未來的經驗決定。」

第三個是**思考力**。因為面對不確定的未來，包括對外在環境、不同宗教、族群、團體與氏族之間的對抗，人類需要懂得設身處地的謀劃，思考他人狀況與感受，了解自己在錯綜複雜的處境與位置，更需要展望與預測，才能安全地生存發展。「故事是人類重要的思想工具，我們的理性能力依此而存在。它是我們展望未來，以及預測、規劃、解釋一切事物的主要方法。」美國認知科學家馬克・透納（Mark Turner）說。

透過敘事帶來的想像力、社交溝通力與思考力，我們才能有效學習、溝通、思考與傳承。美國哲學家華特・費雪（Walter Fisher）也因此幫人類改名，不再叫智人（Homo sapiens），而是敘事人（Homo narrans）。

對人類來說，敘事像空氣一樣無所不在，我們為了存在而敘事，甚至也是為了敘事而存在。不論是透過文字、圖畫、影像與各種自我呈現的形式，都是為了對他人溝通，也是跟自我溝通，希望留下自己存在價值的印記。

兩種思維模式之爭：典範思維 vs. 敘事思維

儘管敘事是人類很重要的能力與需求，隨著環境愈來愈複雜，各種學科分工愈來愈細，重視自然法則的科學知識反而凌駕在人文學科之上。

心理學家傑羅姆．布魯納（Jerome Bruner）提出兩種思維模式，一個是**命題／典範式思維**（propositional/paradigmatic），另一個則是**敘事思維**（narrative）。前者是依照審慎嚴謹的科學邏輯進行推理論證，能夠跳脫時間與空間的限制，建立放諸四海皆準的原則真理，藉此來認識世界與外在現實。敘事思維則相反，重視個人差異化的經驗，並將這些經驗重新整理成引人入勝、打動人心的故事，藉此能夠詮釋其獨特意義。

典範思維與敘事思維的最大差異，在於人與時間／空間的關係。前者要求的是抽象普遍、跳脫時空限制的法則，才能進行預測與推理；而敘事思維重視人的不同觀點認知與獨特感受，這些情感經驗、意義價值都是在特定時空背景下形塑而成，再藉著敘事的情節吸引力，讓他人理解感受。

其實這兩種思維並不衝突，反而能相互結合。典範思維若想要有效溝通，不能只是用邏輯論證、客觀事實的陳述，這種過度生硬的表達方式，無法吸引他人注意，反而達不到正確傳遞的溝通效果。

因此，培養敘事思維是能夠有效溝通的前提。我們要先了解讀者、聽者，或溝通對象的需求與感受，找出要表達的重點。再來是把素材轉換成可以述說的內容，包括找到具體的「情境」連結，生動的「情節」吸引，以及建立「情感」共鳴認同，才能達到溝通效果。

敘事思維可以廣泛應用在工作、跨領域溝通、自我了解、教育與教養，我以《敘事本能》分析的一個實驗為例，說明培養敘事思維的重要性。

有兩位心理學家進行多項記憶測試，要測試出命題／典範式思維與敘事思維在溝通上的差異。測試方式是孩子跟母親參觀博物館，母親分別用這兩種思維方式溝通，最後考驗孩子的記憶。

他們發現，母親用敘事思維的表達方式，孩子的記憶程度比命題／典範式思維方式高出很多。比方介紹汽車的引擎馬力、耗油量、內裝與外裝，這是典範式思維的風格，如果談父親開車遇到的冒險經驗來介紹汽車，帶有人物、情節的敘事思維風格，母子之間會有更多的討論對話，孩子最後陳述的記憶會更多，能敘述更多細節，且內容與時間更合乎邏輯、言之成理。

這種敘事對話，不僅有助於孩子的思考與表達，更能建立孩子的記憶資料庫，能夠不斷透過敘事來形塑自我經驗，有助於提升解決問題的能力。「對生存競爭來說，記憶的優勢只存在於能從過去事件推演出對策、進而能打造成功未來的人。」《敘事本能》強調。

感性時代，建立自我的敘事思維

然而，環顧產業、教育、職涯發展等面向，知識導向的理性分析始終熱門，人文學科似乎找不到出路，而敘事學也只是人文學科之中的冷門學問；這個趨勢正在逐漸翻轉，敘事思維已經重新抬頭。

知名的趨勢作家丹尼爾．品克（Daniel Pinker）在二〇〇六年的經典著作《未來在等待的人才》指出，過往聲量最大、重視知識就是力量的理性分析族群，例如電腦工程師、律師、MBA（商學碩士），現在則進入重視創新、同理心與整合力的感性時代。我們需要重視六種感性力量，才能開發新時代的全腦新思維（A Whole New Mind）。

這六個感性力量分別是：一、不只有功能，還重設計。二、不只有論點，還說故事。三、不只談專業，還須整合。四、不只講邏輯，還給關懷。五、不只能正經，還會玩樂。六、不只賺錢，還重意義。「這些能力本來就是人類特徵的一部分，只是經歷橫跨數代的資訊時代，這些能力逐漸隱遁，而如今的挑戰就是要把它喚醒。」品克認為。

感性力量重視的都是如何與他人溝通，正是關鍵核心，讓我們以重視情境、情節與情感的敘事思維，再次檢視上述的六個重點：

- 要設計出符合人性需求的產品或服務，需要重視使用者的**情境脈絡**，以及找出隱而未顯、說不出口的**痛點需求**。
- 要有效打動人心，光是以理說服是不夠的，透過他人能同理感受的**具體故事**，反而更能引發共鳴。
- 跨領域專業的溝通與整合，需要了解不同專業人的**感受與需求**，甚至找到他們**重視的故事**，才能找出共同連結，有效整合。
- 站在**同理角度**，才能真正找到對方重視的關鍵點。
- 透過**遊戲**、**幽默與愉悅的交流**，才能滿足人性放鬆紓壓的效果，建立最好的互動與信任。
- 找到**努力的目標**、**重視的價值**，為此努力奮鬥，才能對自己、他人述說一個改變現狀的好故事，創造不同的意義。

然而，說故事在當下被窄化成三種功能，這也是我們目前面臨的挑戰。

第一，故事變成一種釋放壓力與聊天話題的外在追劇娛樂。大家不斷追劇、尋找各種故事的慰藉，虛擬故事取代了說真實故事的需求與功能。我們習慣被動接受故事刺激，缺少主動探詢真實故事的能力。

第二，說故事變成一種操弄手段。例如商業品牌為了刺激消費者而虛構品牌故事，運用敘事手法拍攝廣告，社群媒體經營者或演說者用各種渲染、刺激手法來影響他人，滿足個人目的。敘事能力變成刺激消費的手段，卻少了社會溝通的價值。

第三，過度的「大敘事」擠壓個人小敘事的空間。在政治、經濟、文化與宗教上，傳統都是大敘事主宰不同群體的想像、認知與世界觀。要如何找到更多個人、在地、多元與差異化的敘事內容，甚至是許多不善表達、受到社會忽視的沉默者，如何讓他們的故事被關注，讓更多人相互尊重與理解，正是我們要努力的方向。

因此，我們要讓更多人重視敘事思維，練習說出自己的真實故事，運用六大感性力量與他人溝通，不再被動接受，或者受到少數人的刻意操弄、隨波逐流。

有了敘事思維的基本概念之後，下一章就讓我們勇於找出自己的小敘事，傳達平凡中的不平凡。

第二章　敘事的挑戰（一）

生活的情感練習～如何從平凡中找到不凡的力量

我曾多次參與陽光基金會[1]培訓傷友代言人的「故事力」工作坊，希望讓代言人到各組織、學校宣導臉部平權的重要性。

基金會代言人去各地演講宣傳時，常常遇到兩個挑戰。第一是主題單一，內容偏重「勸導」，用自己的狀況勸戒少吃檳榔避免得口腔癌，或是談太多治療過程的痛苦；這些內容往往跟聽眾脫節，造成主題沒有變化，加上講了很多道理，不易獲得共鳴。第二個問題是代言人常常太緊張，敘述過程過於混亂，表達不流暢，聽眾不易理解。

主辦人告訴我，有些代言人還有一個大問題，就是講話刻意誇大，容易引發反感。原來是有代言人去上坊間的演講說話課程，學習了刻意誇張、吸引他人注意的表達方式，卻造成反效果。他們並非故意譁眾取寵，只是欠缺好方法來引導他們誠懇的說話。

主辦單位希望我能協助代言人與輔導的社工，能夠將自己的經驗變成好故事，並挖掘更多故事，增加演講主題的豐富性。

我建議，這些代言人不一定只講復健治療的過程，而是回到社會之後，有哪些有趣或值得分享的例子，這些都是動人的好故事，來見證自己重生的價值。

果汁機帶來的自由

課程的午休時間，我跟一位被認為講話誇張的傷友大哥聊天。他因為口腔癌割去部分舌頭，導致吃飯要費工夫來處理，我就請教他是如何順利吃飯。他拿出一台小型果汁機，還有剪刀、圍兜、鐵碗與湯匙，先拿出便當裡的雞腿，用剪刀一一剪細剪碎，接著將蔬菜、碎雞肉與米飯一起放入果汁機去攪打，最後把泥狀食物倒在碗中，套上圍兜後，再用湯匙一口一口慢慢吃。因為嘴巴無法完全咬合咀嚼，部分食物還會流出來，他得不斷擦拭嘴巴。這頓午餐對他來說，非常辛苦。

他告訴我，這台果汁機很重要。我很好奇這看似普通的果汁機有什麼神奇魔力，便請他多說一點。他給了一個讓我難忘的故事：他割去部分舌頭後，很難到外面吃飯，都要買便當回家用果汁機重新調理，因此什麼地方都不能去，連出遠門旅行都不可能了，實在悶壞了。他後來發現，有一種小型果汁機是用鋰電池充電，可以隨身攜帶，非常開心，就能去台灣各地走動，不怕餓著了。他還不滿足，想要出國玩，然而果汁機有刀片，不能上飛機；而鋰電池不能放在飛機貨艙，只能帶上飛機，等於這台果汁機不能上飛機，他就無法出國了。他實在很想出國走走，就想辦法用好幾層布包裹住果汁機藏在行李內，沒想到真的通過檢查，讓他能順利出國。

我問他這個小故事讓他獲得什麼？他想了想回答，「為了自由，付出好多代價啊，自由好珍貴。」我跟他說這是一個很棒的故事，等一下上課，你就講這個故事吧。他很驚訝，以為故事就是要講得慷慨激昂，才能製造吸引力，原來只要講好自己真實的經驗，就

1　協助顏面損傷者恢復身心健康，並宣傳臉部平權、不受歧視社會的公益組織。

是一個好故事。

這個故事傳達了生活艱難、生命無常的意義。果汁機看起來很小、微不足道，但是對於這位口腔傷友來說，卻有重大意義，對我們來說，也有學習與反思的價值。

敘事的挑戰：不知道自己有故事，不知道怎麼敘事

這位傷友的例子，也反映我們對於說故事的需求與期待，還凸顯多數人在敘事上遇到的挑戰。

第一個是不知道自己有故事，我們可能一直追劇，或是關注他人在社群媒體上呈現的美好模樣，卻不曾關注自己的生活。也有許多人缺乏自信，只會模仿他人的口氣，套用別人的敘事模式，或是只能轉述別人或書本上的故事，卻說不出自己的故事。

聽故事和說故事是我們的人性需求。我們除了紓壓、為了社交話題的追劇、關注他人社群媒體的光鮮亮麗之外，一定也想為自己找出人生意義與生活真諦，而不是隨波逐流。回到真實生活，我們不妨先問自己，想對自己或他人說什麼故事？想為自己的人生留下什麼印記？

此時就遇到第二個挑戰，也就是實際說自己的故事時，容易出現三個缺點。第一是都在講道理、講想法，卻沒有實際的具體作為，讓他人無法感受。第二是內容瑣碎冗長，訊息很多，卻沒有聽到重點，發生的事件之間沒有明確的因果關係，變成無關緊要的流水

帳。第三是時序混亂，述說的內容在時間上很跳躍，沒有清楚的時間順序，讓人困惑不理解。

會出現這些缺點，主要有兩個原因。首先是我們日常溝通都是以對話居多，這屬於片段式的溝通，你一言我一語、東拉西扯的對話，也因此讓我們很少有完整敘述一件事的機會。其次，我們從小到大的教育，都是被動聆聽的學習，缺乏完整陳述事情與想法的機會，也造成口語敘事表達能力的薄弱。

故事是將零碎經驗編織整理成有條理的內容，為看似複雜混亂的人生帶來秩序，才能好好述說故事，這就需要**理性與感性兼具的能力**。

感性上，是關注自己的感受，找出自己在意、渴望、開心、擔憂與失落的情緒；接著運用理性思維去找尋原因，逐一釐清事件發生的前因後果，整理出清楚的因果關係邏輯，並從故事中進一步反思隱藏的意義。

三個練習說故事的角度

說故事是一種情感的傳達與溝通，嘗試說出自己的故事與說好自己的故事，就是一種情感練習；我們在其中練習觀照梳理自己，同理他人的情感，更能夠表達情感。我們需要開始觀察自己，重視生活上的細節與感受，嘗試去敘述與表達這些經驗與感受。

練習說自己的故事，可以從三個角度來切入。如同上段提到的，**先去探索詢問自己的**

情感面；你最在意、期待與渴望什麼？你會因為什麼而痛苦、擔心與害怕？試著找出具體發生的事情，回顧這個事件對你的情感帶來什麼變化，要練習整理清楚。

第二個角度是**找出改變你的關鍵時刻**。你的想法、價值觀或觀念，你的生活習慣和一些具體的行為，在什麼時間點、發生什麼事情而造成重要改變？你可以將這些事情的來龍去脈，以及為什麼改變，如何改變的過程整理出來。

第三個角度是**外在大環境的影響與挑戰**。大環境的衝擊影響，讓我們不得不順應時勢來調整自我，這種時刻最容易產生故事；例如疫情、金融風暴、出國留學、公司遇到財務危機，或是合併。這些重大事件都會把我們捲入一個不可預期的漩渦，反而帶來很多變化。

這三個角度都是聚焦在一個明確的時間內，發生了什麼事情。不論是生活小事、還是工作大事，如果對你的生活、想法、習慣、行為與做事方式帶來明顯的改變，就一定會有故事，只是如何找出來，加以整理，再練習敘述與表達。

我在自己的寫作公開班課程中，常出題目讓學員練習寫作，最能讓大家寫出好文章、好故事的主題都是「疫情中帶來的挑戰與改變」。這個主題有一個明確時間，也有重大的環境衝擊，最容易讓大家說出自己的故事。

例如，不少國高中老師會寫出自己教學工作遇到的衝擊與影響，包括：學會線上教學軟體、找到讓學生互動表達的教學方法。也有人會寫在家工作的狀況，因為全家人一起在家上課、工作，環境過於擁擠，因此決定將過往囤積的雜物清理乾淨，不僅讓居家空間更舒適，甚至上網拍賣二手物品，還賺了一筆小錢。還有人因為疫情在家工作，不方便外出吃飯，決定自己料理三餐，不只學會廚藝，還減重十多公斤。

練習說別人的故事

有時候，我們會當局者迷，覺得自己的日常生活很平凡，沒什麼好說的。這時，我會建議學員嘗試換角度去訪問別人，也是一種運用理性與感性並重的情感練習。這是以他人為主角的聊天方式，透過提問引導幫助對方把故事敘述清楚，同時去感受他人的情緒，包括渴望、期待、痛苦、失落，以及如何努力突破與改變的過程。

例如我用聊天、提問互動引導傷友大哥說出果汁機的故事。他敘述如何使用果汁機的過程，接著聊到果汁機為什麼這麼重要，怎麼出門旅行，為什麼想出國，為了順利出國，做了哪些努力。這個引導過程將外在經驗與內在感受整理出來，最後跟他討論這個故事想傳達的意義是什麼，原來是「自由」。一個小故事突然有了大啟示，不用誇張的表情口吻與動作，故事本身就能吸引人，帶我們進入故事的時光旅程之中。

有時候，真實的人生故事比虛構的劇集、電影還曲折精彩。

我認識一位從林務局主管退休的王榮山，工作關係讓他的個性稍微保守拘謹，我很想了解他的工作內容。有次東聊西聊，聊到巡山員的工作內容，有樹木調查，也有防止盜伐山林。我請他回想早年巡守山林時，有沒有發生盜伐事件，他是如何處理？

綽號「王爺」的他，想起年輕時曾在高雄六龜遇到一個盜伐事件。他發現有車子半夜駛入山林，覺得事有蹊蹺，趕到現場，對方棄車逃跑，現場留下很多砍伐好的木頭，王爺必須要人贓俱獲，否則無法移送法辦。他心想，對方逃跑過程中一定有受傷，他就去旗山醫院查詢（這是高雄山區周圍最大的醫院），剛剛是否有人來就醫？真的有人剛來求診，詢問過程還支吾其詞，但不承認他就是盜伐之人。

他跟刑警將此人帶到警察局偵訊。嫌犯很緊張，雙手壓在玻璃桌上直發抖，但因為沒有證據，他一直不承認。王爺心生一計，謊稱我們已在車上採集到指紋，只要核對你的指紋，就知道你是不是車主了，還請刑警假裝要來採他的指紋，在這個壓力下，嫌犯一緊張，就承認他是車主，也砍伐不少木頭。

這個抓「山老鼠」的故事，可以凸顯王爺的機智，也傳達林務局工作的專業與挑戰，讓他數十年的山林工作生涯，有許多故事可串聯工作上的點滴回憶。

我們看似平凡的人生，在他人眼中往往是不凡的故事。只要運用好的敘事方法，反思與觀察自己的生活與工作，我們也可以一直追劇——追出自己的人生劇場。「遊戲編劇以前都是看別人的故事，沒有反思與觀察過自己的故事，我們要練習『把自己放大』。」從事遊戲軟體的企劃與編劇黃秀娟，在我的課後如此分享。

先從說自己的故事開始放大自己吧。

第三章　敘事的挑戰（二）

解碼你的專業，如何運用敘事思維傳達有感溝通

我曾受邀到一家電動機車品牌公司開設六小時的簡報提案課，上課成員包括總經理與四位高階主管。由於這家公司即將要開媒體發表會，董事長認為公司過於工程師導向，表達內容都是不易理解的專業術語，需要重新轉化成大眾能理解的語言，希望我來把脈診斷，幫他們解決問題。

我想了解總經理在媒體發表會準備的簡報內容，先知道問題在哪裡，才能夠對症下藥、協助改善。但課前遲未收到簡報，甚至到開課當天，簡報都還沒完成。

因為無法了解實際問題，我有點擔心課程運作的狀況。總經理告訴我，他不滿意幕僚製作的簡報，仍持續修改中，才不好意思給我看。另外四位主管各有不同的溝通對象，包括廣告宣傳、與經銷商溝通，以及為了廣設電池交換站，需要跟里長協商等等。

每個人都有不同的問題與壓力。這堂簡報提案課，我沒有用到電腦，而是針對每個主管未來要發表的簡報內容，透過提問來引導他們找出各自的顧客定位（聆聽的受眾是誰）與顧客需求，接著整理出讓人有感的故事線，以及要傳達的重點。課程快到尾聲時，總經理想請我看看之前一直沒完成的簡報。

他透過投影機快速講完簡報，我就看出三個關鍵問題。第一個問題是很多圖表與數字沒有用簡潔的一句話指出重點，否則無法一目了然這些圖表要傳達的意思。第二個問題在於不少投影片都在一個頁面貼很多張圖片，沒有主要的視覺焦點，造成受眾無法集中注意力。第三個、也是最大的問題，受眾為什麼要關心這個簡報？簡報一開始就充斥各種有待解釋的專有名詞、數字與圖片，容易造成受眾的困惑，更無法引發好奇、關心與期待。

3C產品與舞台劇團的相同困境

這些問題也發生在3C（電腦、通訊與家電）品牌上。我也對一家知名的亞洲3C品牌公司的產品經理教簡報提案，他們遇到的問題是產品發表會的專業術語過多，導致媒體不易消化成讀者能理解的內容，更沒有呈現他們想傳達的重點。更有趣的是，這是公關部門看到的問題，產品部門並沒有意識到這個狀況，導致兩個部門出現歧見，公關部認為產品部沒有清楚傳達重點，產品部則認為是公關部刻意挑毛病。

為了解決這個問題，公關部請我針對七位產品經理人（包括冰箱、電視、手機等）開課。但是公關事先提醒，分成上下午的六小時課程，午休結束後可能會剩下一半的人，因為他們很抗拒上課，會藉工作忙碌的理由而離開。

我也有心理準備。早上的課程讓大家看非3C產品，包括汽車、精品的廣宣內容，藉由換位思考讓他們跳脫3C產品的視角，單純站在消費者角度找出其他產業溝通上的問題點，再運用故事線的故事4P元素，練習修正這些產品廣宣文字，並以口語重新述說重點。

下午上課時，竟沒有人缺席。我也很意外，詢問他們原因，原來透過檢視其他產業的問題，也反思到自己的盲點，希望我能指導他們修改的方向。

由於產品經理人長期習慣講述產品規格與功能，還直接將產品的外文內容直接翻譯成中文，沒有根據台灣消費情境與需求進行加工調整。比方他們詳細介紹手機鏡頭的大光圈規格與功能，都是生硬術語，我反問，從使用者角度來說，他們想得到什麼？建議產品經理要從使用情境與效果來說明，就像黃昏光線不足時，使用這個功能來自拍，就能讓自己看起來依然光鮮亮麗，或是在燈光不足的KTV唱歌，大家拍照時，還是能維持神采奕奕。

不只是電動機車、3C產品遇到專業溝通的問題，連擅長說故事的劇場人也有類似困境。

我認識一個在南部以閩南語演出的舞台劇團，他們的原創劇碼有趣，表演也很出色，頗具知名度。團長曾讓行銷主管來台北上我的企劃課，希望增加行銷企劃的能力，後來更邀請我來教劇團說故事。我既好奇又疑惑，一個以故事為核心的劇團，為什麼還要學習說故事？我豈不是在關公面前耍大刀嗎？

我跟團長討論需求。原來他們去校園演講宣傳新戲與賣預售票，一場一百人、看似充滿熱情笑語的場子，最後卻賣不到十張票。另外跟企業拉贊助，企業卻直說，「我可以贊助你們，但是要告訴我，為什麼要贊助你們？要給一個打動我的理由。」面對這些狀況，團長不知道該如何解決。

我瞬間理解了。舞台上他們是厲害專業的說故事的人，但是離開舞台後，他們也是職場工作者，同樣需要面對經營、溝通、行銷與銷售的挑戰。從創作一個虛構故事，到實際說自己劇團的故事，中間仍有需要轉化的過程。

因此，全劇團的成員，包括團長、行銷、行政、演員與編劇第一次齊聚一堂，練習說舞台下的真實故事。包括劇本發想背後的故事，排戲的故事，為什麼堅持以閩南語作為演出的原因，再加上團隊分工合作的故事，以及如何找到好吃且多樣化的便當，照料團員三餐、激勵他們投入演出的故事。

這些故事背後的故事，才是吸引與爭取他人認同的關鍵。

專業溝通挑戰（一）：理所當然的知識詛咒

從電動機車、3C產品到劇團，有兩個專業溝通的共同挑戰。

第一個挑戰是專業者對溝通的誤解。專家容易出現一種想法，以為只要提供客觀的數據、知識與資訊，受眾就能自行消化與吸收。美國的認知科學家史迪芬・平克（Steven Pinker）提出「知識的詛咒」（curse of knowledge）的看法，意思是當我們擁有豐富的知識、資訊與技能，理所當然的認為別人也像我們一樣，一點就通、一說就明白。

專家被自己的專業知識給詛咒了，忽略事實與真實的差異。對專家來說，專業知識與資訊都是有背景脈絡，長期內化養成的能力，這些習以為常的術語與行話，對一般人來說，卻是客觀「事實」，而非能深入人心、進入他們大腦中、留下記憶的有感「真實」。

這個落差會造成受眾無法理解，或是得自行詮釋與解讀，反而出現更多錯誤。「你不是向受眾傳達清晰、強烈的訊號，而是以細節與雜訊掩蓋了訊號。你沒有吸引及啟發受眾，而是讓他們感到困惑、失望，甚至有點麻木。」《資料故事時代》指出。

因此，為了有效溝通，需要一個解碼器的轉換，才能將客觀事實變成他人內心的真實。這個解碼器有如城市裡的高架快車道，能繞過擁擠、易塞車的地面道路，有效且省時直接傳遞到他人腦中。

這個解碼器就是敘事思維與敘事能力。由於我們天生就是敘事動物，自古演化而成的大腦格式，都是透過敘事方式來了解周遭世界。包括我們經歷的事件、遇到各種外在變化，以及接收到的各種訊息，都會不自覺地運用敘事思維，轉換成有情境的連結、因果關係清楚的情節內容，最後產生情感共鳴的效果，大腦才容易記住，儲存成為不易磨滅的記憶。

敘事帶來的力量，可以讓大腦將事實變真實。「故事所牽動的大腦區域，比單單傳遞事實所牽動的大腦區域更廣，故事能藉由創造一個色彩豐富、富有感情的模擬現實，讓聽眾彷彿實際經歷他們所聽見的內容。」《大腦的鏡像學習法》從神經科學角度來解釋故事的重要性，「說故事者和聽者之間形成了強而有力的連結。能夠連結聽者的大腦，表示重要的訊息可以被傳達並且被記憶，宛如說者與聽者一起經歷過共同的經驗。」

因此，專家需要運用敘事能力來建立快車道或是解碼器，來傳播專業知識，建立影響力。「人類的大腦是故事處理器，而不是邏輯處理器。」社會心理學家強納森・海德特（Jonathan Haidt）強調。

專業溝通挑戰（二）：過度依賴簡報，弱化口語表達的能力

專業者第二個挑戰在於過度倚賴簡報投影片，反而弱化口語表達的能力。近三十年才出現的簡報強調視覺導向，然而人類以口語表達為主的敘事能力，已經演化了數十萬年，都是運用肢體語言、表情、聲音與人群互動溝通。當簡報成為主流，工作者日益重視各種圖表、數字或是精緻的圖像呈現，忽略最簡單的口語表達能力，反而無法掌握聽者的情緒變化，即時雙向互動。

「我們正逐漸向非口語溝通文化靠攏，」《管理就像一齣戲》指出，「我們解讀口頭語言的能力下降，也變得不擅長以口頭語言表達。視覺主宰一切，而這樣的主宰排擠了我們的其他能力。我們的傾聽能力與說故事能力都因此受到影響。」

另外，我們習慣用條列式的短句取代敘述完整的語句，如果沒有多加練習完整的敘事能力，也會讓口語表達太乾澀，缺乏感性共鳴。

有一次我去中部教四十多位國中小國語文輔導團教師（他們是專門輔導國中小老師提升教學力的老師，可稱為「老師的老師」）寫作，他們需要在課前閱讀我的《精準寫作》，做好學習準備。有些老師沒時間讀完全書，幾位老師就運用教育界流行的「心智圖」，將《精準寫作》各章節重點整理成心智圖形式，方便其他老師參考。

我到了教室現場，牆壁貼了一大張列印輸出的《精準寫作》心智圖，老師們也很得意這個產出。我心想，《精準寫作》的每章重點與圖表都算簡潔清楚，老師才能容易地畫出

心智圖，但是只有寫出條列式重點，難道就會寫作嗎？

我好奇地問他們一個問題：「你們擅長運用心智圖，也很會引導學生畫心智圖，各位老師是否因此就會寫作了？」老師們沉默了一會兒才回答，「老實說，我們還是不太會寫作。」

「只會寫出條列式重點，或是畫出心智圖的形式之外，寫作還需要什麼能力？」這是我在寫作課提出的第一個問題。

老師們討論之後，統整出三個重點。包括找出內容背景脈絡的能力，運用因果邏輯串聯文章段落的能力，以及敘述完整故事的能力。

不論是口語述說，還是文字書寫，各種專業者，甚至包括老師，都需要透過敘事思維，將這些對受眾來說、屬於未知的專業知識，重新轉換解碼成具體的故事，才能引發受眾的好奇心與想像力，將外在客觀的事實變成內心主觀的真實，甚至能激發探索未來的創新能力。

不只沉浸專業，還能傳達專業，才能擴大專業影響力。「想法必須在它的鞋子上沾點泥巴，否則就是空氣。」美國詩人馬文·貝爾（Marvin Bell）如此說道。

知識容易化成空氣，故事則是不易甩開的泥巴。

建立溝通的連結點

如何轉換、提升專業者的敘事思維？第一步，先了解受眾的問題與需求，建立溝通的連結點，或是吸引點（本書的第二部會詳細說明「故事線」的技巧）。先問自己一個問題，我們專業能力是要解決顧客（或是學生、想溝通的對象）的什麼問題，繼而滿足他們的需求？

我以最常出現的企業簡介，或是企業對外招募文章為例，來說明專業術語過多帶來的盲點，以及改進之道。

我擔任１０４人力銀行的顧問，協助他們解決企業招募、企業溝通的問題。由於多數的企業簡介與人才招募的文章，常常出現專業術語過多、內容零碎，讀者不易理解，甚至看不出跟其他企業的差異點，導致在人力銀行網頁的點閱率與求職率不高。

關鍵問題在於企業的敘事溝通能力不足，多數的企業簡介都需要重新檢視與調整。公司簡介就是最簡單、最不需要花成本的宣傳方式，但是長期被忽視，實在可惜。

為了解決這個問題，我與１０４合作對企業人資開設「人才招募寫作課」，一步步引導人資重新撰寫企業簡介與人才招募文章，另外則是直接訪談企業高層主管，修改與強化他們的企業簡介與招募重點。

透過寫作課程的互動與作業點評，我發現人資部門作為企業對內與對外溝通的第一線，他們的敘事寫作能力有待提升。我的課程有兩個重點：第一是提升溝通能力，因為如何招募到好的人才、對的人才，或是讓更多人認識公司的特色，都需要進行跨部門溝通，了解公司整體定位，以及人才招募的重點，第二是重新消化企業簡介內容，寫出簡潔清楚又吸引人的企業人才招募文章。

紙上工作坊

以敘事思維來撰寫企業簡介

我以兩個人資學員作業來說明企業簡介的問題點，以及改進建議。此外，這兩個個案作業並不是完整的簡介內容，僅以前兩段來說明，如何快速切入讓人有感的重點，就是要問自己最重要的問題：**公司各種專業能力是要解決顧客的什麼問題**？如果沒有說明這個問題，容易變成自我展示各種優勢，沒有與讀者建立情境連結，很難吸引讀者進一步了解公司特色。

這也是建立敘事思維的第一步。為了要讓閱聽受眾快速知道重點，建立跟他的連結，就需要**先說明情境**，有了解決顧客問題的情境連結，才可能有**後續的情節與情感**。

個案一

原始版

××精工創立至今已卅餘年，選擇走了一條與眾不同的路，從「連接器」出發，並透過不斷轉型改變，持續投入MATIC（醫療、航太、運輸、工業、通訊）成為台灣極少數AS9100航太品質研發與製造雙認證的廠商。二〇二〇年××精工受邀與ANSYS合作，在ANSYS 2020創新大會上分享連接器設計案例，結合卅餘年的技術累積，滿足客戶高速、散熱、抗震等互聯技術解決方案。

修正版

××精工創立至今已卅餘年，選擇走一條與眾不同的路。一開始從「連接器」出發，不斷轉型改變，持續投入MATIC（醫療、航太、運輸、工業與通訊）等跨領域產業，成為台灣極少數得到AS9100航太品質研發與製造雙認證的廠商。

連接器看似只是一個小零件，卻在解決不同產業遇到的高速、散熱與抗震的問題。因此，××精工卅年的技術累積，能夠持續創新，提供客戶互聯技術的解

用一句話交代本段內容的重點，我在《精準寫作》稱之為「魚頭句」

決方案。

也因為這些創新技術，讓××精工在ANSYS 2020創新大會上分享連接器設計案例，成為台灣產業界的榮耀。

> 這是什麼單位組織？不要都用縮寫與專有名詞，讀者看不懂

解析

❶ 這個公司簡介的問題在於陳述很多技術能力，卻沒強調這些技術能力要解決客戶的什麼問題，產生什麼獨特定位，讓讀者能一目了然，知道公司的獨特性。

❷ 我重新調整與拆解，先凸顯「連接器」的重要性，並將最後面才提到解決客戶問題的獨特能力拉到第二段。公司簡介的敘事順序上，第一段寫公司定位，第二段寫解決客戶問題的專業能力，第三段呈現這家公司獲得的創新肯定。

❸ 需要說明中英文縮寫名詞的重點，因為這些名詞只有極少數專家知道，需要還原脈絡，讓更多人了解意義與重點。

個案二

原始版

××資訊成立於一九九七年，是台灣資訊服務產業龍頭企業，擁有約四千

兩百名員工，位居台灣前一百大服務業，服務超過三萬家企業／機構客戶，涵蓋兩岸三地、亞洲以及歐美地區；代理經銷超過七十項產品，為多家國際級原廠的首要合作夥伴，二〇二一年合併營收為新台幣二百九十五億元。

××資訊以「a Data Software Company」為公司定位，透過5A（AP、APP、API、Appliance、Algorithm）跨界軟體能力，以及上雲、用雲、管雲、護雲等4C雲服務為核心技術，同時連結生態圈夥伴力量，協助客戶在多雲混合的架構下，以虛擬化、容器化、微服務化為手段，在數位平台上提供創新價值的數據服務與商業模式，協助企業客戶邁向國際市場，創造指數型成長曲線。

修正版

成立超過廿六年的××資訊，是台灣資訊服務產業龍頭企業。××資訊擁有約四千兩百名員工，代理經銷超過七十項產品，是多家國際級原廠的首要合作夥伴，位居台灣前一百大服務業，服務範圍涵蓋兩岸三地、亞洲以及歐美，客戶超過三萬家企業／機構。二〇二一年合併營收為新台幣二百九十五億元。

用一句話交代本段內容的重點，我在《精準寫作》稱之為「魚頭句」

××資訊能夠成為服務資訊產業的龍頭企業，在於獨特的企業定位。××資訊以「a Data Software Company」為公司定位，透過5A（AP、APP、API、

用一句話交代本段內容的重點，我在《精準寫作》稱之為「魚頭句」

Appliance、Algorithm）跨界軟體能力，以及上雲、用雲、管雲、護雲等4C雲服務為核心技術。

> 請補充：××資訊要解決什麼顧客的問題，來滿足顧客什麼需求

因此，××資訊除了雲服務的核心技術，並連結生態圈夥伴力量，協助客戶在多雲混合的架構下，以虛擬化、容器化、微服務化為手段，在數位平台上提供創新價值的數據服務與商業模式，協助企業客戶邁向國際市場，創造指數型成長曲線。

> 這句話不太懂，要具體一點，說明生態圈包括哪些產業

> 容器化與微服務化這兩個名詞不太懂意思，需要簡要說明

解析

❶第一段要明確呈現公司特色與定位，因為第一段敘述很多數字，但是讀者不知道這些數字排名的意義，需要用一句話來傳達公司定位與特色。

❷第二段使用很多英文名詞，還有一些專業術語，需要解釋清楚，否則造成讀者困惑且無感。由於這段內容講太多重點、不易閱讀，我再切成兩段，重新敘述各段重點，幫助讀者理解。

❸調整後的第二段，主要問題是沒有說明這些專業能力是要解決顧客的什麼問題，導致不易理解這些技術能力的重要性。因為學員作業沒有說

明，我建議他需要詢問相關部門，才知道這些看不懂的名詞，是要解決什麼問題。

❹ 第三段用了過多生硬的商業用語，反而不易理解文章重點，需要用更淺顯白話的文句，才能傳達公司的特色。

敘事力量的前提不在於技巧，而在於思維。這是站在聽者、讀者的角度來思考，如何讓他們理解與有感，再回頭來自我檢視，我們述說的內容有沒有偏離這個標準，是對方在乎與關心的嗎？還只是自我滿足？我們可以透過自我練習，將內容說給朋友或家人聽，尤其是非你本行、同溫層的人，透過他們的反應、表情與回饋，就能告訴我們答案。

第二部

技巧篇

第四章　故事模式

掌握故事元素，連結新奇與熟悉之間的甜蜜點

前兩年我常受邀到台灣東部授課，其中包括培訓某鎮公所的公務員（大約三十位），課程主題涵蓋企劃力、故事力、寫作力與提問力，總共三十個小時，並透過實作練習提升思考與表達能力。

有一天，我注意到他們邀請一位地方創生專家來開課。我想了解他們上完六小時內容的收穫，「他概念講很多，但記憶點很少，」主管告訴我，「我希望同仁花了時間就要有收穫，但同事都打瞌睡、或是不耐煩的動來動去。一整天下來，大家覺得有點疲憊，卻沒有感動點。」

我追問，專家講解概念時有沒有舉例說明，或是說出某個難忘的故事？主管回答，「課程內容很紛亂，不容易記憶。大家都感覺他有講故事，但是講太快了，大家也都記不得，這算有故事嗎？」

短短幾句話可以感受到主管的失望，這也是在工作場合中，多數人溝通表達常出現的問題。本書第一部談到敘事思維的重點，在於好故事能夠促進溝通、思考與理解。然而，不是每個訊息、概念與經驗套上「故事」的外衣，就會產生影響力，如果內容沒有引發聽眾的專注，也缺乏難忘或感動的黏著點，就無法達到預期的效果。

因此，講者需要運用敘事思維，先站在接收者的角度，思考他們的期待與感受，另外要察覺聽者的現場感受與反應，隨時彈性調整內容。

人性的矛盾：新奇又熟悉

聽者的需求很簡單，卻也不簡單。人類有種矛盾的天性，喜歡新鮮的事物，滿足好奇心，但是對於太抽象、離自己經驗太遙遠的事物或概念，又會有排斥感。因此，我們必須以聽者熟悉與習慣的方式，幫助他們連結、感受與理解。此外，太過熟悉、老生常談，聽者也會覺得無趣，我們還必須出乎意料，才能引起注意力與吸引力。

「大腦厭惡沒有秩序的狀態，總是會把各種訊息轉化成有意義的模式，才能預期接下來會發生什麼事。」《大小說家如何唬了你？》強調。

讓人可期待、又具有意義的模式是什麼？模式，就是有著固定的組成元素，而元素之間有一定的連結方式來達到效果。我們想要打動人心，就必須先知道哪些是不變的故事元素，以及它們如何運作，才能找出滿足他人期待的故事模式。

敘事思維是一種逆向工程，讓我們拆解出故事組合的元素。「看穿明顯可見的表象，而找出隱藏在其中的結構——這種結構不但能夠揭露一件物品是怎麼設計而成，更重要的是也能夠揭示這件物品可以如何重新製造而成。」《逆向工程》指出。

太新奇的事物，人們不習慣；太熟悉的事情，人們又會感到無聊。因此，想要有效溝通、吸引注意與打動他人，需要掌握連結新奇與熟悉之間的甜蜜點。「能夠引起眾人注意，就是大致熟悉常見、但帶有些微變化，」《逆向工程》將這種老套，但是帶有一縷新意的方式稱為「最適新鮮感」（optimal newness）。」

我認為，掌握「最適新鮮感」的敘事思維，就是說出好故事的關鍵能力。我們必須先掌握聽者期待、熟悉的故事模式，並因應不同情境變化，加入新奇感的元素，才能讓故事生動鮮活。

結合榮格角色原型的故事模式

關於故事模式，許多專家都曾經歸納整理。例如，十九世紀義大利劇作家卡洛．戈齊（Carlo Gozzi）、法國的劇作家喬治．普羅蒂（Georges Polti）歸納了三十六種經典的戲劇模式。這些模式對一般人來說還是太多、太發散、不易記住與應用，加上這些模式都是預先設計、用來創造戲劇化的虛構故事，不擅長說故事的人不易應用，也無法滿足說出真實故事的需求。

尋找故事模式時，我從心理學大師榮格（Carl Gustav Jung）的原型概念獲得啟發。榮格從個案諮商、神話、藝術與文學經典的歸納分析，提出「原型」角色的理論。他認為，這些具有代表性的典型角色或模式，橫跨不同的文化疆域而存在，成為人類的集體潛意識。這代表著，人類特定的欲望、追求與價值觀，背後有著潛在的性格陰影缺陷，才會導致人性的矛盾與衝突。

更重要的是，相對於三十多種故事模式的繁複情節，榮格重視的不是外在事件的變化，而是基於各種角色原型的內容性格衝突，從而衍生出各種角色原型的變化。

幾位榮格學派的學者就從原型理論發展出更多具體的角色模式。心理學與管理學者卡洛．皮爾森（Carol Pearson）就發展出六個、甚至十二個人格原型來談心理治療、創造力與人際溝通。

我認為以上這些模式還是太多，不易應用。因此，我將榮格學派的原型概念與角色模式，簡化成一個故事模型四象限，在這個基礎上再做更多的變化，這樣比較符合真實故事的構思與應用。

故事模式四象限

這個故事模式四象限是由兩個軸線構成（參考表4-1）。橫軸一端是強調自我為主的個人導向，另端是重視他人關係的他人導向。縱軸上方是重視穩定（不變），下方是追求改變。透過這兩條軸線切分出四種故事模式：

第一象限：英雄／領導模式（簡稱英雄模式）

英雄模式是一般最典型的「英雄旅程」，許多電影、戲劇都屬於這種模式。就是主角原本處在平穩安適的狀況，無意間遭遇意外的挑戰，或是曾經過著幸福安逸的日子，卻因為某些變故失去這些光環。他們的故事起源，在於必須去解決這些橫阻挑戰，才能回歸原本穩定的世界，或是重返榮耀，完成這趟英雄之旅。

故事案例：《魔戒》的亞拉岡（曾經是剛鐸城的王位繼承人，但是以落魄遊俠身分行走各地，最後加入魔戒遠征軍，重返剛鐸成為國王）、佛羅多（與世無爭的哈比人，參與魔戒遠征軍，並前往末日山谷丟下魔戒，恢復和平、重返家園）、捍衛戰士一、二集、韓劇《財閥家的小兒子》

真實故事：被自己創辦的蘋果電腦驅逐的賈伯斯，重返蘋果擔任執行長的故事

第二象限：關係／情感模式（簡稱關係模式）

這個模式與英雄模式的個人主義相反，強調人與人之間的情感關

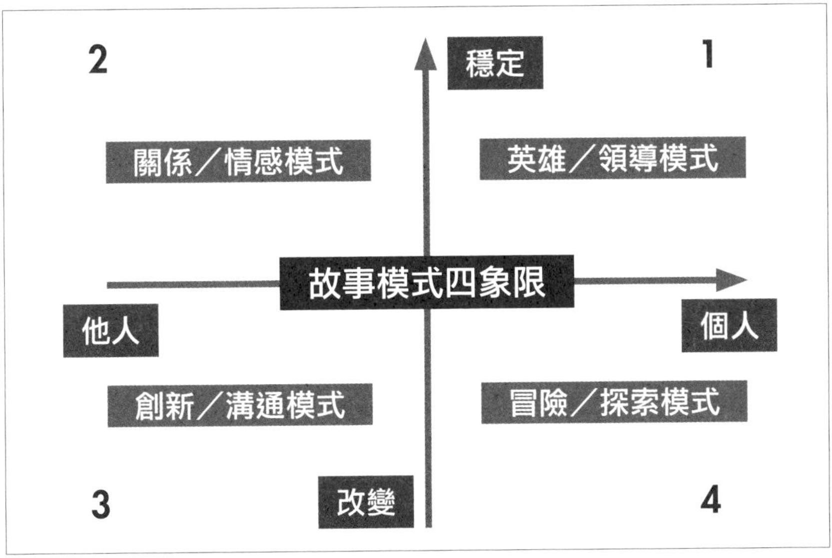

表4-1　故事模式四象限

係。主角重視的是團體或是他人的和諧關係。可能是家庭、家族親情、男女感情，或是團隊、兄弟義氣、姐妹淘之間的情誼，或是為他人犧牲奉獻的工作（例如社工、諮商），但是這個關係遇到挑戰，或遭到各種因素的破壞，因此要如何修補、強化、回復到原本的和諧狀態，成為故事的核心。

故事案例：《魔戒》的山姆，陪伴佛羅多一同丟棄魔戒的冒險犯難、相互扶持的歷程，韓劇《機智醫生生活》，美劇《六人行》、《與神同行》、《我和我的冠軍女兒》、《麻雀變鳳凰》等愛情故事

真實故事：各種愛情故事、家庭關係、為他人犧牲奉獻的助人工作

第三象限：創新／溝通模式（簡稱創新模式）

這個模式聚焦在白手起家，或是原本一無所有，憑著信念、創意與熱情，如何研發、創新與打造出改變現狀的事業、宗派或是產品。另外是如何將創新的理念，或是他人不知道的事物做出有效溝通與宣傳。創新與溝通常常是一體兩面，但也可以各自獨立。

故事案例：《魔戒》的甘道夫發現索倫的野心，號召大家組成魔戒遠征軍

真實故事：耶穌、孔子、老子、佛陀、穆罕默德（可蘭經），貝佐斯創辦亞馬遜，伊

隆・馬斯克創辦SpaceX等

第四象限：冒險／探索模式（簡稱冒險模式）

主角沒有一個非常具體的目標，探索冒險反而像個旅程，過程本身就是目的。主要是透過旅行，去陌生環境、學習新事物，透過追尋過程進行自我挑戰，感受成長蛻變的喜悅。

故事案例：《魔戒》跟佛羅多一起冒險的哈比人梅里和皮聘，沒有扛下太多責任，而是去經歷各種驚喜之旅。《醉後大丈夫》、《白日夢冒險王》、《享受吧！一個人的旅行》、《金盞花大酒店》

真實故事：《革命前夕的摩托車日記》的格瓦拉、各種旅遊文學著作、環島之旅、到異地擔任志工的經驗

這四種故事模式都有不同的讀者／觀眾的熟悉期待點。英雄模式在於遇到困境，該如何面對，積極主動的想方設法突破。關係／情感模式是失去原本的和諧狀態，一家人、一群人要如何攜手合作，互相扶持，發揮同理心來共度難關。創新模式在於主角的熱情、使命、創意與說服力，不屈不撓地實現理想。最後的冒險模式，過程經常會發生許多料想不

到的驚險，或是遇到哪些有趣的人事物，最後能化險為夷，或是打開新視野、突破自我框架，讓人生更不一樣。

故事模式的應用

這四個模式只是基礎，不同模式有可能混合，或是一個故事包含了四種模式的歷程，甚至可以再衍生出更多的故事模式。

但是，我要提醒大家故事需要聚焦，否則就會混亂龐雜，更不易溝通傳達。我們先由這四個基本模式，整理、釐清自己要說的故事屬於哪一種，再逐步展開故事內容，這樣故事軸線才會清楚，讀者才能理解與感受。

例如回到本章開場的例子。當我們談論地方創生，並以此來說故事時，需要先釐清主題設定的是解決問題、幫助他人、創新發展，還是學習成長？接著，我們可以思考講述的概念要用哪些故事模式來傳達？英雄模式可以談青年如何返鄉創業、解決問題的故事；關係模式可以描述如何建立與地方人士的連結關係；創新模式可以談獨特的創新創業故事，開發什麼產品、服務與商業模式。第四種冒險模式在於，不一定要談豐功偉業的成功經驗，而是如何從地方創生的過程中學習、成長的歷程，獲得什麼幫助與啟發。

特別說明，故事模式不等於故事類型。故事類型談的是愛情、推理、恐怖、動作冒險、驚悚、少年成長、科幻與商戰等，這屬於縱向分類，故事模式談的是橫向特色，例如英雄模式可以應用在各種類型中，關係模式除了應用在愛情類型，恐怖、冒險、科幻都可以談團隊、家庭、家族或犧牲奉獻。

即使是商戰故事，你可以談自己如何解決問題、迎接挑戰的英雄模式；或是探索學習，經歷挫折阻礙，即使失敗，也有成長的冒險模式；也可能是如何溝通協調，帶領團隊，或者身為團隊成員，如何支援協助，解決問題的關係模式；最後是如何研發新產品、新服務，有效改變市場競爭局面的創新模式。

故事模式提醒我們，說故事之前要仔細思考，是以個人奮鬥為主，還是幫助他人？要恢復穩定狀態，還是改變現狀？當我們從四個象限去掌握故事模式的重點，從中了解讀者／聽者對各種故事模式的期待，才知道如何進行故事細節的整理與述說。

6W的新奇感

故事模式像我們每個人的五官，人人都有，但個個細節都不同，才會讓我們與眾不同。

然而，我們也必須達成故事模式的最適新鮮感，滿足讀者大腦新奇與熟悉的矛盾需求。因此透過故事模式掌握熟悉感之後，還要找出關鍵的新奇感。

我們需要一套方法來統整我們經歷的事件，包括感受、發現與觀察到的一切人事物。

我在《精準寫作》與《精準提問》都談到5W1H的方法。包括Who（何人）What（何事）、Where（何地）、When（何時）、Why（為何）與How（如何）。這六個關鍵字，就構成了一切問題的基礎，也就是問題發生的來龍去脈、情境背景，透過5W1H這六個元素的拆解、融合與排列組合，可以千變萬化，幫助我們進行抽象思維的具體溝通。

站在故事模式的基礎上，我將5W1H轉換成6W，透過盤點6W來增加故事模式的血肉（參考表4-2）。6W包括Who（主角是誰）、Want（他想要或渴望什麼）、What（發生什麼事情）、Where（事件發生的地點）、When（何時發生），另外再新增Wow（這是最重要的新奇元素，發生什麼出乎意料的事情，會讓讀者大吃一驚）。至於Why（為何）與How（如何），這兩個元素則會放在下一章說明。

故事的新奇感核心是Wow。為了要凸顯、鋪陳讓人驚奇的元素，我們需要了解另外

Who（何人）	Who（主角是誰） Want（他想要或渴望什麼）
What（何事）	What（發生什麼事情）
Where（何地）	Where（事件發生的地點）
When（何時）	When（何時發生） Wow（新奇、出乎意料的事情）
Why（為何）	
How（如何）	

表4-2　從5W1H到6W，故事元素檢核表

5W。在四個故事模式中，我們都需要知道主角（Who）身處在什麼時空背景下（Where & When），他想要什麼（Want），他遭遇到什麼事情（What），是什麼關鍵轉折點引發讀者關切後續發展的好奇心（Wow）。

電影分析：《魔戒》的6W與故事模式

我們以《魔戒》為例，這部電影有很多故事支線，不同角色構成不同的故事模式。以英雄模式來說，落魄遊俠亞拉岡（Who）曾是剛鐸城的繼承人（Where & When），現在卻四處流浪，他想要再度回到剛鐸，恢復先祖的榮光（Want），由於魔戒危害中土（What），他必須集結有志之士，對抗魔獸大軍，才能恢復和平（Wow）。

關係模式如何具有新奇元素？哈比人山姆（Who）幫助佛羅多（Want）前往末日山谷（Where & When）丟下魔戒，解決魔戒危害中土的問題（What），但是途中引路人咕嚕包藏禍心，想要奪取魔戒，佛羅多卻相信咕嚕，山姆需要時刻警戒魔獸大軍追捕，更要揭發咕嚕的陰謀，才能順利完成任務（Wow）。

第三是創新模式的新奇元素。魔法師甘道夫（Who）發現索倫危害中土的陰謀，他需要趕往各地（Where & When），宣傳、警告各地國王，並組織反抗的義勇軍，迎戰索倫與魔獸大軍（Want），然而許多人不相信他，甚至互相內鬥（What），他要如何整合資源，組成並引導魔戒遠征軍出發，路上又要克服哪些挑戰？（Wow）。

模式名稱	新奇感（Wow）
英雄模式	亞拉岡集結有志之士，對抗魔獸大軍，才能恢復和平
關係模式	佛羅多相信咕嚕，但山姆要揭發咕嚕的陰謀，同時要時刻警戒魔獸大軍追捕
創新模式	魔法師甘道夫如何整合資源，組成並引導魔戒遠征軍出發，路上又要克服哪些挑戰
冒險模式	沒有戰鬥力的哈比人要如何掙脫，還要能協助夥伴克服強敵的追殺

表4-3　《魔戒》四種故事模式的Wow

Who（主角是誰）	亞拉岡
Want（他想要或渴望什麼）	恢復先祖的榮光
What（發生什麼事情）	魔戒危害中土
Where（事件發生的地點）	剛鐸城
When（何時發生）	過去的繼承人現在四處流浪
Wow（新奇、出乎意料的事情）	對抗魔獸大軍，才能恢復和平

表4-4　《魔戒》的6W（以英雄模式為例）

第四是冒險模式的新奇元素。哈比人梅里和皮聘（Who）住在安逸的鄉村（Where & When），為了離開舒適圈、滿足冒險的好奇心（Want），跟著佛羅多一起參與魔戒遠征軍（What），但路上卻意外跟隊伍分散了，沒有戰鬥力的他們，需要躲避魔獸大軍的追擊，四處逃跑，卻又被抓到，他們要如何掙脫，還要能協助夥伴克服強敵的追殺（Wow）。

以本章開場的例子說明，地方創生的故事若是遵循著英雄模式，就是青年如何返鄉創業、解決問題的故事，新奇元素就需要加入是講者或哪些人（Who）的故事，故事發生在哪裡與哪個時間點（Where & When），主要是為了什麼事返鄉（What），他返鄉想解決什麼問題、實現什麼理想（Want），最主要遇到哪些挑戰，需要花心力去克服（Wow）。

運用四象限的故事與6W的新奇元素，就能完成「最適新鮮感」的故事模式裝備。接下來，我們的精準敘事遠征軍就可以啟程了。

課後練習

請讀者想一想，第二章提到的林務局主管退休的王榮山，他巡守山林遇到的盜伐事件，這個故事屬於故事四象限的哪個模式？並練習寫出這個故事的6W元素。

第五章　故事線的4P

故事要有邏輯，才能合情合理，又有張力

我在故事力工作坊的開場，常會請學員做一個練習，體驗什麼是吸引人的故事、什麼是無關緊要的瑣事。我會徵求幾位同學，每人用一分鐘的時間，說說讓他們難忘的人生或職場故事。

在這種狀況下，常常有人不知道要分享什麼。大家不是講完自己的名字、十秒鐘就說不下去了，就是說了好幾個彼此無關的事情。有一次我到企業內部培訓，有位學員先介紹自己的家庭有七個姐妹，稱為七仙女，姐妹從小到大都相依為命，接著她講到求學階段念哪些學校，最後又提到九二一大地震，當晚住在大樓的她跟先生帶著兩個女兒逃離家門，一路跑到地下室時，發現對外的門鎖住，窗戶也打不開，不知道該怎麼辦，最後還是幸運逃離的經驗。

一分鐘之內，她講了三個彼此無關的事件。我詢問在場的學員，這三個事件你最關心與好奇的是哪一件？每個人都說九二一大地震。如果地下室門窗打不開，要如何逃離？我請當事人再把關鍵點講清楚。

她補充的故事我現在仍難忘。她說先生一直打不開窗戶，全家人不知道該如何是好的時候，他們突然注意到牆上掛著一把緊急逃生用的小斧頭，趕忙拿下斧頭使勁敲破窗戶，一家人爬窗逃生，才幸運逃脫。

故事不是流水帳

上一章我們談到故事模式，每一種模式都會讓聽者不自覺地預期會有某種基本情節。以這位學員談到第一個家有七仙女的情況，我們會猜是要談姐妹感情的「關係模式」；而第二個提到的求學階段，則可能是個人成長歷程的「冒險模式」；第三個逃離大樓的故事，很符合「英雄模式」，面對突如其來的意外，必須解決問題，才能回到平穩狀態。

然而學員對於七仙女、求學都只一語帶過，訊息零散沒有引發大家的感受。等說到「九二一大地震」、「打不開的窗戶」，這兩個急迫事件勾出大家關心的故事線頭，原本當事人忽略沒提到的「斧頭」，才是這個故事的解答。

短短一分鐘內，說一個九二一大地震的逃難故事，就足以撼動人心。

這個例子正凸顯了大多數人說話的主要問題。我觀察許多人敘述事情時，都只是說發生了什麼事、然後又發生什麼事，但是事件之間沒有串聯，無關緊要的事敘述太多，等於只列出事件「清單」，沒有彼此的因果關係，更沒有凸顯讓人關心的重點。

我們要知道，聽者、讀者不是當事人，看不到我們腦中儲存的各種經驗影像，只能透過我們述說的一個個事件，試圖去串聯、理解事件之間的關係。如果彼此之間毫無關聯，我們說的事情就變成讓人困惑不耐的流水帳。

問題的癥結是，事件之間沒有前後連貫的時序變化，就無法形成吸引人、可被理解的情節。這種沒有情節逐步引導的敘事方式，就像是出現很多標示不清的岔路，讓聽眾陷入迷宮中，自然就不會記憶深刻。

主情節、微情節與反情節

美國好萊塢編劇大師羅伯特．麥基（Robert McKee）在他的經典名著《故事的解剖》中提到故事三角的概念，就點出了情節的重要性。他指出，故事情節（劇情）主要有三種類型（參考表 5-1）：**主情節**（archplot，或「原型」情節）、**微情節**（miniplot）（原書翻成極簡劇情，較不易理解）以及**反情節**（antiplot）。

廣受歡迎、票房賣座的好萊塢電影，或是多數流傳的經典故事，都偏向主情節。主情節的特色，是依照時間順序來展現故事情節，事件之間有清楚的因果關係，也有明確的故事結局。此外，說故事的主角只有一人，主角能主動面對各種外在挑戰，全力追求自己嚮往的目標，而非被動反應，隨波逐流。在這些狀況下，閱聽者能從主角的視角看待一切事物變化，比較容易預期情節走向，能夠沉浸在故事之中。

第二種是微情節。這個類型多半比較偏向小眾一點的藝術電影，跟主情節的差異，在於劇情多線進行，主角不只一人，而且主角相對個性比較被動，比較多個人獨白與糾結的內心戲，劇情比較跳躍，沒像主情節那麼連貫（才會稱為微情節），最後不一定有明確的結局，可能會留下幾個反思的疑問，提供更多想像空間。

第三種是反情節。這個類型跟主情節相反，敘事方式沒有一致的時間順序與清楚的因果關係，甚至刻意沒有預期的情節，這是想透過創新手法來挑戰與顛覆觀眾的感受。

儘管區分成三種情節，微情節與反情節卻都是從主情節衍生出來的。麥基強調，主情節並非只是西方電影的主流，因為各地的人們都是以類似主情節的方式來回想記憶，讓過去栩栩如生。

主情節也是大腦用來感受與理解外界訊息的方式。「大腦用因果關係思維來分析一切，當故事發展並未遵循一套明確的因果關係時，大腦就無法理解。」《大小說家如何唬了你？》也強調。

這種思考方式來自於上一章提到的人性矛盾，期待聽到既熟悉又新奇的故事。因此，為了滿足矛盾的人性需求，需要把複雜事情變簡單，梳理出一條時間順序清楚、因果關係相連的故事線，敘事者藉由這個主情節構成的內容來述說引人入勝的故事。

類型	劇情發展	主角特徵
主情節	依照時間順序來展現故事情節，事件之間有清楚的因果關係，也有明確的故事結局。	說故事的主角只有一人，主角能主動面對各種外在挑戰，全力追求自己嚮往的目標。
微情節	劇情多線進行，比較多個人獨白與糾結的內心戲，最後不一定有明確的結局。	主角不只一人，而且主角相對個性比較被動。
反情節	敘事方式沒有一致的時間順序與清楚的因果關係，甚至刻意沒有預期的情節，	

表5-1　故事情節三類型

許多劇本大師也就主情節類型，提出更具體的故事架構。最有名的是《作家之路》的作者克里斯多夫．佛格勒（Christopher Vogler）提出「英雄旅程」的十二個階段。《先讓英雄救貓咪》的作者布萊克．史奈德（Blake Snyder）提出八個法則，讓敘事方式有具體的步驟可以參考。

這都是虛構的故事設計，應用在兩小時電影、一小時影集的編劇方法，屬於一種大敘事的內容。但是對於想練習述說真實故事的人來說，以上提出的階段與步驟方法都太過複雜，我們想說一個十分鐘、五分鐘、甚至三分鐘的人生故事，或呈現個人專業特色的故事，需要更貼近真實經驗的方法。

我們要回到故事的本質與原理，找尋簡單實用的「小敘事」方法。由於我已從事多年的故事工作坊教學經驗，寫了各種主題的書，還有各種時間限制的演講（十八分鐘、二十分鐘、半小時、一小時到三小時）累積的實務心得，我從好萊塢電影的「故事大綱」獲得最大的啟發。

故事大綱與故事線

好萊塢因為娛樂產業發達、人才競爭，每年都會出現大量劇本，希望獲得電影、電視製作公司的青睞，但是內容繁雜的劇本實在很難消化，製作公司都會請劇本專家先審閱過濾劇本，更要求編劇提供簡單幾句話說明故事大綱、劇情梗概或故事線（Logline或Story line），現在電影或劇集上映後，也會用故事大綱對消費者溝通，傳達不破梗、但吸引人的故事重點。

故事大綱能清楚展現故事的核心與元素。所有的劇本大師都強調，故事的核心在於「衝突」；衝突不是肢體衝突或是吵架，而是主角的「目標」遭遇到「阻礙」，讓他的目標無法實現。阻礙可能是敵人、環境、組織或時間限制，面對這些挑戰，主角該如何抉擇與反應？如果積極面對，就會產生「衝突」；如果退縮放棄，就沒有後續的故事發生。

衝突引發三個令人關切的故事重點。首先是帶來戲劇性的好奇，其次是問題該怎麼解決，最後是問題解決後的領悟與啟發。

因此，當目標遇到阻礙，就會產生衝突，引爆令人關心的故事問題（因為這個問題而展開故事），有了故事問題，閱聽人就想知道後續發展的情節。包括主角如何看待衝突的內心感受與抉擇，就會引發閱聽者的同理心與共鳴，接著才是迎接挑戰的因應之道。「在文學中，唯有麻煩才是有趣的。」——《長篇小說的技藝》直指核心。

4P的故事大綱

我整理出故事大綱的四個重點，稱為故事4P：Purpose（目標）、Problem（阻礙／難題）、Promise（決心，代表全力以赴）與Practice（付出，具體實際行動）。這4P彼此因果相連，依序運作，而且缺一不可，構成一條既簡單又吸引人的故事線，也成為故事的基礎。

讓我們先看兩部知名電影的故事概要，從中分析4P的內容是什麼（參考下頁表5-2、5-3）。

《我和我的冠軍女兒》

一位印度的角力冠軍選手瑪哈維亞，因為國家體制和生活壓力，被迫放棄角力夢，無緣在國際比賽上為印度拿下金牌。他希望能生個兒子，一圓當年未盡的夢想。不料造化弄人，連續生了四個女兒，使他不得不放棄夢想。然而一次偶然中，他發現兩個女兒的角力天分，為了實現印度的金牌夢想，決定開始嚴格地訓練她們，儘管遭遇各種輿論與歧視，希望能獲得最後的勝利。

《捍衛戰士2》

服役超過卅年的海軍頂尖飛行員「獨行俠」米契爾上校，一直堅守崗位，以試飛員的身分不斷突破飛行極限，也放棄任何足以終止飛行生涯的晉升。有一次，他接下一個緊急任務，負責訓練一組菁英小組（TOP GUN）執行一個艱難的特殊行動，其中還包括已故搭檔的兒子。在面對不確定的未來和過去夢魘的影響，「獨行俠」得執行這個可能會犧牲飛行員生命的任務，更被迫面對自己最深層的心魔。

Purpose 目標	為印度拿下角力金牌
Problem 阻礙／難題	生活壓力、沒有生兒子、女子角力在角力界、社會上被歧視
Promise 決心，代表全力以赴	不畏外界壓力，全力投入訓練
Practice 付出，具體實際行動	為了獲得金牌，持續訓練與參加各種比賽

表5-2　《我和我的冠軍女兒》的故事4P分析

Purpose 目標	帶領菁英小組執行一個艱難特殊的任務
Problem 阻礙／難題	過去搭檔過世的心魔陰影、艱難任務可能會讓團隊有去無回
Promise 決心，代表全力以赴	不想讓團隊任何一人犧牲生命
Practice 付出，具體實際行動	帶領隊員進行高難度訓練，甚至親自帶隊參與任務

表5-3　《捍衛戰士2》的故事4P分析

我們以開場的九二一大地震故事為例，一開始的七仙女與求學都沒有明確目標，無法形成故事線，但是九二一大地震就出現故事問題，並形成了故事線，請參考表5-4的整理：

Purpose **目標**	全家人要逃離九二一大地震的住家大樓
Problem **阻礙／難題**	地下室門窗都鎖住，打不開
Promise **決心，代表全力以赴**	不能困在危險的大樓裡，全家人要一起安全逃離
Practice **付出，具體實際行動**	找到斧頭敲破窗戶，爬窗逃生

表5-4　學員經歷921大地震的故事4P分析

加入Why與How成為7W1H

有了4P元素構成的故事線，要完整說一個好故事就容易多了。我重新再將4P元素闡釋得更具體清楚。

上一章提到要盤點6W，讓故事模式更清楚。包括Who（主角是誰）、Want（他想要或渴望什麼）、What（發生什麼事情）、Where（事件發生的地點）、When（何時發生）、Wow（這是最重要的新奇元素，發生什麼出乎意料的事情，會讓讀者大吃一驚）。

結合6W的故事模式是有一個大方向，4P元素則是更深入的思考，並加入上一章

Who（主角是誰） Want（他想要或渴望什麼）	Purpose（目標）： 內在目標 外在目標
What（發生什麼事情，以及產生什麼目標）	
Where（事件發生的地點）	
When（何時發生）	
Wow（新奇、出乎意料的事情）	Problem（阻礙／難題）： 自我 他人 外在環境 意外
Why（深入闡釋動機與想法）	Promise（決心）
How（如何展開具體的作為與行動去克服挑戰）	Practice（付出）

表5-5　7W1H與4P的對應

沒提到的Why與How，以7W1H建構故事內容（參考表5-5）。故事主角（Who）在什麼時空脈絡下（When & Where），產生什麼渴望與需求（Want），因此發展出什麼具體的目標（What）。在這個目標下，遇到什麼阻礙難題讓他陷入困境，繼而引發讀者的驚奇（Wow），接著，為什麼他不願逃避，反而努力排除萬難障礙，因而需要深入闡釋動機與想法（Why），最後的重點在於，他如何展開具體的作為與行動去克服挑戰（How）。

Purpose（目標）

可以分為個人的內在渴望或外界、他人給予的任務，更要說明形成目標的脈絡背景因素，讓閱聽人更能理解。

- **內在目標**

基於什麼脈絡情境下，我想實現什麼渴望、夢想，從而產生什麼目標（例如印度要拿到世界角力金牌）。

基於什麼脈絡情境下，我想探索、學習什麼事情，從而產生什麼目標（偏向探索、冒險或成長，例如當海外志工獲得自我成長）。

- **外在目標**

基於什麼脈絡情境下，意外出現需要你去執行或解決的任務（例如被指派擔任捍衛戰士計畫的教練）。

基於什麼脈絡情境下，長期以來原本有待解決、但一直擱置的問題，突然發生需要立即處理的狀況。或是原本沒有這麼急迫，但臨時發生狀況導致非解決不可，例如牙痛，或某些專業能力不足、但得立即上陣的任務。

Problem（阻礙／難題）

- **自我**（生理上的問題：例如體力、視力，心理上的問題：自信心、過去的陰影）。
- **他人**（家族、家庭、組織、對手等的反對、挑戰或攻擊）。
- **外在環境**（社會與文化面的習俗、限制，自然環境的影響：下雨、炎熱、颱風、地震、天災）。
- **意外**（突如其來的變化，例如車禍、停電）。

Promise（決心）

為什麼願意面對與投入？你的動機是什麼？許多人常會沒仔細想過，事過境遷之後仔細回想，會更清楚，這也是引發閱聽人產生共鳴的關鍵。

面對衝突產生的處境，有哪些內心糾結，面對哪些抉擇，產生什麼轉變的動機，才會下定決心投入、想要解決這個難題。

Practice（付出）

要解決這些麻煩，具體因應的作為與行動方案，提出什麼解決方案。

故事大綱、故事線的特色，就在於聚焦故事的獨特性。藉由在一定的時空背景下發生的Purpose與Problem，藉此帶出故事問題，主角在這種處境下，再以Promise與Practice依序呈現故事的變化。站在4P的基礎上，可以清楚檢視自己的故事是否遺漏不清，哪些需要補強，才能讓他人知道你的故事在說什麼。

紙上工作坊

用4P說出具體故事

4P構成的故事線基礎，讓我們能夠更簡單地發展出具體的故事。我舉出故事力工作坊的學員羅文君的作業，讓大家比較修改前後的內容，能夠更清楚4P的應用。

目標　阻礙／難題　決心　付出

1.0版

搶救貓咪大作戰

我要分享一隻左眼失明右眼弱視的貓咪，牠的名字叫喵喵小姐。

帶著三個月大被疱疹病毒感染的貓咪去治療。

到動物醫院檢查被眼屎覆蓋看不到的雙眼，清開之後發現，兩隻眼球腫脹得快要掉下來似的。醫師說你這個主人為什麼現在才送來？我說我不是主人，這是一隻在鄉下的貓。檢查完開眼藥水，醫師交代每天必須點七到八次，我心想，鄉下的朋友要忙農事，根本不會有時間來照顧，這樣會讓小貓的眼睛更嚴重。我心裡頓時很掙扎，因為老公不喜歡家裡有小動物，帶回家一定會被他念。

獸醫師說小貓的雙眼有可能已經失去視力，不過還是要點藥水再看看結果。聽完獸醫的說明，我心裡開始盤算要怎麼把小貓帶回家，並且說服老公同意暫時放在家裡照顧。

得到老公同意後，每天照著醫師的指示點藥、吃藥，眼睛慢慢消腫，原本虛弱的身體也慢慢有活力。

經過一個月的照顧再帶回動物醫院回診，確定左眼永久失明，右眼也只剩50%的視力。心想如果讓她回到鄉下的環境，一定充滿危險，也因為在照顧的過程中我和老公都與這隻小貓建立了感情，最後我們一起決定留下牠，繼續和我們一起生活。

這就是我與喵喵小姐的奇妙相遇，現在牠在我家已經十個月了，很多人都說看不出來，牠是一隻眼睛有問題的貓。

解析 這個故事中的治療貓咪屬於「外在目標」，意即是突然意外出現的任務，需要你去解決。敘事時需要把這個目標說明清楚，為什麼主人不治療反而變成你的責任？要給出脈絡，大家才能理解為什麼突然帶別人的貓去醫院治療？

2.0版 Purpose（目標）的段落內容修正補充：

有一天去鄉下朋友家，看到一隻病懨懨趴在空地上的小貓，仔細一看怎麼眼睛睜不開來，問了朋友之後，原來這個狀況有一些時日，由於沒時間帶牠去看診，以致愈來愈嚴重，我不忍心，決定帶這隻貓咪去城市的動物醫院治療。

解析 作者補充了帶貓咪去城市看獸醫的原因，因為鄉下主人沒時間送醫。接著出現了三大難題：貓咪病況危急，需要好好照顧；主人忙著農務也沒時間細心照顧；以及老公不喜歡小動物，強化「故事問題」的危機感，因此作者內心出現矛盾糾結。如果沒有說明農場主人的狀況，本文作者投入的動機就很不清楚。

但她決定說服老公暫時同意照顧貓咪，經過一個月的細心照顧，夫妻都對貓咪建立感情，最後留下這隻貓咪一起生活。

課後練習

請讀者想一想，如何將你的個人經驗轉換成真實故事，請練習寫出你的故事線。首先根據４Ｐ元素，類似這個紙上工作坊的格式，依序寫下４Ｐ內容，找出你故事的獨特性，建立最基礎的故事線。

第六章　推動故事前進的關鍵

你的掙扎與糾結，
就是最好的情節

多年前，有位生理學學者C報名我的故事力工作坊，當時她才剛在一場簡報競賽中奪得第一名。我很好奇這位簡報第一名的專家，為什麼會想學說故事？她遇到什麼阻礙與挑戰？

我特別研究她得冠軍的簡報影片。她的簡報製作很出色，表達清楚有條理，內容主要是教大家如何使用簡易測試氣喘指數的器具，讓大家明白如何自我檢測，或注意有氣喘問題的家人。

觀看簡報過程中，我卻沒有太多感覺與感動。「她是第一名啊，」我邊看影片邊疑惑，只看到俐落流暢的技巧，卻找不到為什麼要聽這個簡報的理由。我只知道這個氣喘器具很重要，然後呢？不了解簡報者的動機，聽眾就無法與她產生連結。

正充滿疑惑時，她突然提到，「其實我也是一個氣喘患者……」好像有故事線頭冒出了，但簡報隨即結束。

我瞬間知道問題了。C來上課時，我請她說明自己投入呼吸生理學研究的原因與歷程，她娓娓道來個人從小到大的氣喘病史，只要氣喘一發作，胸腔就像奏樂般傳出各種不舒服的聲響，她卻直到高中才知道這是氣喘。過去以為只是外在環境的影響，因而延誤了治療，讓自己痛苦不堪。因此，她決定大學要念呼吸生理學，投入研究工作與公衛宣導，希望幫助更多氣喘病人自我檢測與治療。

我建議她下次簡報或演講，順序要換一下，開場要先說投入呼吸治療的原因，接著再說氣喘檢測器具的重要性。害羞的C原本想迴避談論個人的經驗，我解釋，因為她曾是氣喘患者，了解氣喘患者的痛苦，才願意花二十年的研究與宣導，儘管聽眾不一定需要了解氣喘器具，但每個人都可能有缺陷、受過挫折，先藉這個故事讓聽者了解她投入的動機，與講者建立共同連結，有了好感認同，才會對簡報內容產生興趣。

C接受我的建議。後來她對醫護人員的公衛演講，會先說自己的故事，讓許多聽者感動得都紅了眼眶，也更專注聆聽，了解她想傳達的理念與方法。

先說為什麼，滿足聽者的感受與需求

C的狀況是許多想說故事的人或專家表達經常碰到的問題。不論是簡報或演講，他們講述的內容往往交代很多事情，或試圖凸顯專業能力，卻忽略聽者的感受與需求。聽者想知道為什麼要這麼做，當時的處境與心境，以及背後動機是什麼？如果沒有說明清楚，聽者就無法建立連結，更不易產生共鳴。

打動聽眾的關鍵就是故事4P元素的**Promise（決心）**。

上一章提到故事4P元素，Purpose（目標）遇到Problem（阻礙）發生衝突、產生故事問題，接著重點是主角面對這個難題的處境，他的內心反應是什麼；這些反應會影響接下來發生什麼事；以及事情代表的意義：包括他對目標的重視程度，他渴望能獲得什麼，或是他擔心會因此失去什麼。接著考量下一步行動的動機，是什麼原因讓他決心投入（Promise），最後才是採取哪些行動（Practice）來克服挑戰。

故事問題只是故事的線頭，代表事件發生的狀況，但是，推動故事運轉前進的關鍵，在於主角內心的反應、決定與行動。你的真實故事能否引發聽者內心情緒，讓他們跟著你的心情起伏，在於能否同理Promise背後的內心掙扎、情感考驗的過程。

「真正能夠吸引讀者的，就是主角的內心掙扎（不管他自己是否已經意識到問題所在），真正能驅動故事發展的問題是：就情感層面而言，主角必須付出多少代價才能達到那個目標？」《大小說家如何唬了你？》強調，「故事的核心並不在其中的事件，而是在於那些事件對主角而言有何意義。」

意義來自於「為什麼」。上一章也談到好故事來自於7W1H，其中最重要的三個關鍵是What、Why與How的組合。《先問，為什麼？》作者賽門・西奈克（Simon Sinek）發現，多數人習慣從比較清楚的事開始做，模糊難形容的擺最後，所以很容易忙碌於「做什麼」與「怎麼做」，忘了「為什麼」。

「『為什麼』是一個目的、使命和信念。公司為什麼存在？你每天為什麼起床？別人為什麼要在意你們的商品？」賽門・西奈克強調，「當大家不清楚你的為什麼時，你做的事根本沒有脈絡可尋。由於不了解你的為什麼，即使你做的事情及決策都是對的，大家也很難賦予對的意義。」

就如同生理學專家C原本說了很多氣喘器具的重要（What），再來如何使用（How），卻忘了說她為什麼要做這件事的動機（Why），我們對她的感受，只是一個很理性的高手專家，卻沒有太多感性的情感連結與深刻印象。

扁平人與立體人

許多編劇理論都會提到兩種人物角色的對比。第一種是扁平人物，這是帶有刻板印象、沒有情緒感受的人物，例如胖子就是懶惰，壯漢就是粗魯，一眼望穿、沒有太多複雜的扁平個性。第二種是立體人物，這是隱藏許多不為人知的複雜矛盾情緒，有血有淚更有缺陷的特質，不是完美非凡、帶有距離的人。

以傳統好萊塢電影英雄象徵的蝙蝠俠為例。蝙蝠俠在過去的多部電影作品中，都是完美無敵、聰明絕頂的英雄，很少陷入絕境或失敗之中，即使遭遇重大挑戰，還是能夠反敗為勝。

但是在克里斯多福．諾蘭（Christopher Nolan）執導的《黑暗騎士三部曲》之中，蝙蝠俠即使聰明絕頂、身手不凡，還配備更現代化的裝甲、蝙蝠車等道具，卻陷入小丑精心設置的困局中，經歷多次失敗。這三部電影讓觀眾最有共鳴之處，就是呈現蝙蝠俠過去不曾有過的弱點、情緒與失敗，也讓諾蘭版的蝙蝠俠成為影史經典。

蝙蝠俠的深刻特色，有兩個獨特性。第一個是讓電影的戲劇轉折更豐富，更不易預測。「故事人物愈具體、愈多面向、愈難以預測與理解，看起來愈吸引人、愈真實。反之，人物愈籠統、愈一致、愈容易預測與理解，看起來就愈不真實、愈不有趣，也愈樣板且誇大。」羅伯特．麥基在《人物的解剖》指出。

第二個獨特性是與觀眾產生更多連結的共鳴。例如卸下角色光環之後的蝙蝠俠，不再是所向無敵、高高在上的英雄，而是與觀眾建立更多連結，傳達我們都是具有七情六欲的凡人，有自己的目標、使命，更有暗自的懦弱、恐懼與哀傷。

「我們喜歡看其他人經歷我們所經歷過的事。」《角色人物內心戲攻略》說，「我們所有人都有弱點，並且努力想要克服它們。我們在電影中看著其他角色經歷同樣的煎熬。雖然問題各不相同，但過程卻是一樣的。」

上一章曾說明心理學家榮格提出的角色原型，角色原型也呈現光明與黑暗並存的特質。許多人在日常生活中的行為表現與自我認同，呈現出大方、善良、自主與力量，多半是為了迎合社會的認同與讚許，被稱為是個人的面具（persona）。榮格更強調陰影（shadow），包括被隱藏在黑暗處的心理素質，像軟弱、貪心、自私、順從或是膚淺，因為不受到個人及社會的接納與讚許，就被個人壓抑存放在心靈的陰暗處，統稱為陰影。

比方榮格學派的皮爾森，就在《內在英雄》一書中，提出六種原型人物，分別有著不同的恐懼或陰影。「天真者」的陰影是害怕失落，「孤兒」的陰影是害怕被遺棄，「殉道者」的陰影是害怕有自私的表現，「流浪者」有順從流俗的恐懼，「鬥士」有軟弱的陰影，「魔法師」則是害怕被看作膚淺的人。

因此，與其苦思故事情節的千變萬化，不如回到人性的變與不變，這才是故事最令人感興趣的核心。英國作家毛姆（Somerset Maugham）曾說：「唯一一個永遠寫不完的主題就是人性。」

Promise，推動故事前進的關鍵

回到我們自己的真實故事。要說好故事，就要先掌握故事的核心，也就是目標與阻礙引發的衝突。然而，這一點只是故事線頭，要引發聽者的好奇與共鳴，就在於衝突之後的壓力，面臨挑戰困境的你會怎麼做？要依照過去的慣常方法，還是需要突破框架？你會如何衡量與抉擇？為什麼會這麼做？主角為了克服這些阻礙所做出的努力，阻礙愈多，愈能凸顯主角的決心。主角克服挑戰的過程，正是故事吸引人的地方。

「一個人在壓力下做出的選擇，相對也展露了『角色本色』。壓力愈大，顯露的真相愈深刻，這個選擇也愈貼近角色的重要本質。」《故事的解剖》指出。

這也是我一直強調Promise（決心）在整個故事中具有承上啟下的關鍵。這個階段要注意主角兩種不同內心狀態的變化與糾結，一個是渴望或欲求產生的「想要」（want），產生某種追求的目標，另一個是因為本身條件的不足或是弱點，因而會出現擔心失去某些人事物的憂慮、甚至恐懼，才會「需要」（need）去覺察、找出克服這些隱藏問題的方法。

「想要」代表的是主觀想達成、或是尚未實現的目標。這個類似家族治療大師薩提爾（Virginia Satir）在「冰山理論」中談到冰山底層的人性渴望，關於愛、被愛、生存、自主、尊重與歸屬感，這是個人成長的潛在動力。

這些內在渴望必須轉換成比較具體的外在目標。有了明確的目標，才有實際追求的

行動，讀者也能理解與感受。比方渴望有歸屬感，目標就是加入讀書會或是運動社團，想要擁有自主權，目標就是有自己的房間，或是搬出去住。美國小說家馮內果（Kurt Vonnegut）曾說：「每個角色都應該有自己渴求的東西，哪怕只是一杯水。」

「需要」則是偏向客觀理性構思後的結果。主要問題在於如果不能解決衝突，會付出什麼代價？如果要解決衝突，需要面對自己的缺點與陰影，才能找出更好的方式去改變或補強。

然而人性不是架空在一個真空環境中，有各種脈絡背景的交互影響。我們用冰山來想像，我們的日常生活、行為舉止、個性、思考與表達、價值觀、情感，都是可見的冰山，但是八分之七以下的冰山是看不見的，這是由時代、社會文化、風土地域、職業、家庭所塑造，我們身在其中，都會深受影響。

因為這些外在背景脈絡的影響與限制，讓每個人內心的想要與需要都不同。然而當衝突發生時，原本「想要」的目標遭遇挑戰，可能需要重新調整，或是找尋更好的解決方法，就會與原本的預想、期待產生矛盾糾結的狀況。該怎麼辦？這時候「需要」就登場了，主角得深入思考與理解自己的問題，釐清真正需要什麼？梳理內心糾結的線頭，才知道該如何調整，也有更清楚的行動方案。

這個過程才是真正的Promise（決心）。中間千迴百轉的過程，更深刻地呈現我們的內心冰山。也許當下我們還沒有釐清自己的想要與需要，加上事情一再發生，我們忙於前進與處理事情，更不易看清整體變化。得要等到事過境遷、有了一定距離之後，再來回顧發生在自己身上的故事，反而可以比較客觀的梳理清楚。

學員個案：尋找國小實習老師的故事

要怎麼發現自己的動機與決心？有一位擔任國中生物老師的林凱彥，持續跟我學習故事力、也擔任課程助教，他的學習歷程很值得參考。他曾在課堂上講一個「尋找國小實習老師」的故事，他在國小同學會之後，決定去找當年教他們、已經失聯已久的實習老師。

他原以為這是一個精彩的故事。但我聽完之後，覺得有些漏洞沒說清楚，就問他幾個問題。「我很好奇你做這件事的動機是什麼？」「我在猜那個老師是不是很漂亮，就像女神一般住在你心中？」「或是你們在聚會時，是不是有同學說了『你不可能找到』之類的話？才讓你發下豪語要找到老師？」「該不會是你太閒沒事做，才想要上網找人？」

我透過提問引導、各種旁敲側擊，想找出凱彥的動機與決心。「我突然理解到為什麼要花這麼大的心力、非找到國小實習老師不可呢？我發現自己有一個好強的個性，當別人都覺得辦不到的時候，我就想做給大家看，證明我可以。再者，我是個念舊的人，習慣會留下很多舊東西，例如老師給我的卡片，和同學互傳的紙條以及各種票根。因此這個『好強』又『念舊』的脾氣，驅使我想克服阻礙找到三十年不見的實習老師。」凱彥娓娓道來自己內心的轉變過程。

凱彥說出尋找國小實習老師的動機，也讓其他故事課學員印象深刻，更能理解他的動機與行動。「在說故事的練習中，洪老師的角色就是幫你釐清思緒，找出目標和決心。這過程非常有趣，當思緒變清晰時，你會忽然驚覺，原來我把重要元素『主角的最強烈決心』視為是理所當然、別人應該知道的事，甚至我根本就忽略原來這個念頭就是我的『決心』，但在老師層層引導之下，決心愈來愈明確，故事也愈來愈精彩。」凱彥說。

透過回顧、反思與逐步釐清，可以找出故事發生的關鍵驅動力。因此，不論是說自己的故事、說他人的故事，或是整理詮釋歷史人物的資料，除了找到明確的目標、沒料到的阻礙之外，更需要考量人性內心的變化，才有更深刻的故事內涵。

渴望、擔心與需要，呈現內心轉折

在下定決心之前，許多內心矛盾的念頭彼此交織，包括**渴望**、**擔心**與**需要**這三個面向，我以學者C的內心狀況為例。她「渴望」幫助氣喘患者改善身體狀況，決定投入研究呼吸生理學，但她發現即使有了好的檢測器具，由於只是關在學術象牙塔的學者，對外發揮的影響力有限，她「擔心」自己的溝通表達能力不足，要如何有效對大眾溝通？因此她「需要」學習提升溝通表達能力，才開始向外學習簡報能力。

她原本以為故事技巧只是簡報其中的一項能力，才來報名我的故事力課程。沒想到她自豪的簡報力，卻在我的課程中發現有所不足，原本「擔心」自己的個人故事與他人無關，才會只想凸顯專業能力。因此，要先放下外在的簡報技巧，回到自己的初衷動機，

「需要」先說出自己投入呼吸生理學的故事，才能讓他人理解與建立連結。「故事的力量很神奇，不用刻意準備，故事就從自己心裡深處鑽出，鑽入聽眾心中，最後又回到自己，與聽眾建立深刻的連結。」C對說故事有更深的體悟。

我們再以四種故事模式的渴望與擔心，加強說明不同模式的Promise意涵。

1. 英雄／領導模式：

- **渴望：**挺身而出解決問題，贏得他人尊敬肯定。
- **擔心：**自己的能力不足，自信心不夠。
- **需要：**找到好的助手夥伴協助，或是努力提升專業，產生實質的自信。

2. 關係／情感模式：

- **渴望：**贏得他人重視、喜愛，有好的情感連結。
- **擔心：**自私、自我中心，忽略他人需求與感受。
- **需要：**了解他人的需求，做好溝通，贏得信任、更好的互動。

3. 創新／溝通模式：

- **渴望：**改變世界、改變現狀，讓世界更新更好，溝通更順利，影響他人接受創新的想法。

- **擔心**：創新能力不足、表達不足，無法影響他人。
- **需要**：持續投入開發與創新，也要真誠與他人溝通。

4. 冒險／探索模式：

- **渴望**：自由自在、不受限制，能力與想法都有成長突破。
- **擔心**：被限制，從眾與隨波逐流，失去自我。
- **需要**：積極面對挑戰，不能逃避。

總結而言，說故事時，當目標遇到阻礙產生衝突時，我們內心最內圈的渴望是什麼，引發出什麼期待，產生出什麼認知觀點，進而出現什麼感受反應，最後才是做出什麼樣的行為反應（Practice）。

用客觀角度找出自己的 Promise

優秀的劇本工作者、甚至小說家，幾乎都會做好詳細的人物設定與角色履歷。這個目的是讓各個角色的外在條件、內心世界與價值觀都能清晰呈現，讓各個角色遇到各種外在挑戰，都有內在一致的因果邏輯，影響他的抉擇、做事方式。這個過程呈現的是一位有矛盾個性的立體人，而非刻板膚淺的扁平人。

「人性交織著諸多強烈的矛盾——良善與邪惡、慈愛與殘酷、慷慨與自私、睿智與愚蠢……以及其他一連串無止境的對立。不過，日常生活中，鮮少有人會深掘自身內心的矛盾，探索到極致。」《人物的解剖》指出關鍵。

深入了解人性，故事內容才有深層內涵，更能打動人心。虛構的故事尚且如此，我們要說好自己或他人的真實故事，更需要轉換客觀角度來看自己，透過**探問、挖掘與詮釋**，讓內心複雜矛盾的人性，有更立體完整的呈現。

你的Promise是什麼呢？

紙上工作坊

用Promise說故事

在4P構成的故事線基礎之上，我們要強化Promise（決心），讓故事轉折更合理、更能引發共鳴。我舉出兩個故事力工作坊的學員作業，凸顯渴望、擔心與需要，讓大家透過示範的步驟（依序寫出渴望、擔心與需要），更清楚Promise的應用。

個案一：我們的意外貓咪（文字：羅景霳）

目標

和女朋友維持好的感情。

阻礙／難題

女朋友因為工作的關係，時常需要加班，相處時間就減少。

決心

渴望：如果讓她早點下班、不要加班，就可以增加彼此相處的時間。

擔心：就算不時會陪她加班，沒有太多話題，彼此關係仍然有所疏離。

需要：因此需要找到讓她早下班的動機。女友喜歡貓，之前也養過一隻，如果一起養貓，應該會增加共同話題與相處時間。

付出

我主動提出要領養貓。我在網路上看到領養流浪貓的訊息，我們就動身去領養。

當我們到領養店家的時候，店家向我們提議可否領養二隻貓？因為當初他們在誘捕我們想領養的那隻貓的同時，還誘捕到另外一隻。起初，我們有點猶豫，畢竟沒有在我們的計畫之中。我們還在思考的時候，那隻貓咪主動把牠的爪子伸向我們。

我們決定領養兩隻流浪貓。現在，不僅減少我女朋友加班的頻率，還有我們的意外貓咪。

個案二：毛毛蟲，我的線上課特約助教（文字：林世玲）

目標

疫情發生後，學生的課後口語表達班轉為線上課，線上課如何能讓學生更專注學習。

阻礙／難題

線上虛擬教室讓師生無法空間同步，學生容易分神。尤其學生不開啟鏡頭，只留老師唱獨腳戲，單向輸出會影響教學質量。

決心

渴望：不論實體或線上，學生都能專心投入學習，並能尊重老師，增加互動交流。

擔心：學生不專心，能力就無法提升，家長會不滿意。

需要：決定先拋開既定的教學流程，找出學生提不起勁的原因。發現需要先從他們感興趣的「點」出發，創造良好的互動和課堂默契，應該要先活絡課堂氣氛，才能再活化教學內容。

付出

在一次故事劇場裡發現，道具偶可以快速跟孩子連結。於是突發奇想，讓最受小朋友喜愛的繪本角色毛毛蟲來當課堂助教，果然引起學生的注意。透過獎勵活動、加贈毛毛蟲貼紙，學生為了爭取得到更多貼紙，不再拒絕開鏡頭，並且踴躍發言，期待自己能成為「毛毛蟲」心目中最棒的蝴蝶。

謝謝毛毛蟲，讓我在疫情下的虛擬教室裡，終於可以做到遊刃有餘。

課後練習

請讀者想一想，將上一章你構思的故事4P練習，其中Promise這部分，再加入渴望、擔心與需要這三個元素，讓你的內在心情、想法更深入清晰，也讓你的個人特質更立體鮮明，讓人印象深刻。

第七章　故事九宮格：

搭一條故事的雲霄飛車軌道，創造情感起伏線

說故事是我們人類表達的本能，但是如何把故事說好，則需要敘事的才能。多數人的敘事才能都有進步空間，要把複雜的事情變簡單，把簡單的事情變有趣且有深度，需要好的方法來引導與練習。

我的故事力工作坊學生、在建設公司擔任企劃主管的懷鴻，在課程中練習用兩分鐘說自己的故事。他談的是自己到英國念藝術、創作第一個作品，用4P來呈現故事重點如下：

1.0版

目標　阻礙／難題　付出　決心

我去海外學習的目標是希望增廣見聞，並且學習更多的藝術觀點。

外語是我最大的阻礙。國中時期我的英語老師，是全校中赫赫有名的殺手（體罰教育），每次都是少一分打一下。每次都在及格邊緣的我，總是從卅下開始起跳，最慘的那一次，從臀部至大腿區域都是滿滿瘀青。

就這樣持續到國二下學期，在父母擔心自己的兒子會被打死才答應轉學。至此我對於英語學習有了排斥，在因緣際會下面試上了英國學校，最終我還是得去面對英語能力不足的問題。

要到英國念書，必須通過指定的語言測試，我還特別報名補習班，惡補三個月英文才出發，又在英國讀了兩個月的語言學校，才正式入學。

語言能力不是一蹴可幾。這幅作品就是在完全曲解老師指定主題下完成的作品，最終，我僅在英國學習一年，這個作品也提醒我過去那段學習的日子。

目標與阻礙要先聚焦

大家有沒有發現這個故事目前有哪些問題呢？我針對懷鴻的1.0版，提出了四個修改建議：

❶ 這個故事範圍太大了。國中英文不好被體罰，以及到英國念書兩個事件放在一起，聽眾會以為主題是學好英文，但實際上要談的是學藝術，故事反而失焦了。因此，要回到原本的「目標」，扣緊最想講的藝術作品，而不是籠統的留學增廣見聞。

❷ 故事中的「阻礙」是英文不好，以至於常誤會老師上課的意思。原本提到國中英語不好、被體罰，讓人誤以為要談體罰的經驗，加上沒有提到在英國念書的狀況，也讓阻礙失焦了。

❸ 「決心」部分，重點應該是如何努力準備老師的指定作業，而不是努力學英文。由於花太多篇幅談英語學習狀況，造成藝術作品被壓縮在「付出」這個階段，也

只用一兩句話就帶過，沒有內容細節，聽者無法知道這個故事的重點是什麼。

❹「付出」部分，是你為了這個作業做了哪些努力，以及有什麼成果，才會讓你特別難忘？這才是聽者關心與好奇的地方。

經過我的提醒與建議，懷鴻再次補強內容如下：

2.0版

目標｜阻礙／難題｜決心｜付出

我曾在英國就讀藝術課程，有一次老師的課後作業，是要求學生用身邊的事物進行創作。

當時的我英語能力不好，即使念過語言學校，上課還是常常誤會老師的意思。

這個課程的目的是訓練我們對周邊事情的觀察力，最後結合觀察與創意發想來完成作業。我選用了在附近廢棄場找到的電線來做創作。

在作品展示當天，才發現我又誤會老師的意思：他是要學生用「隨身」的物品做創作，我誤解成「周邊」。但也因此我的作品引起全班的注意，獲選為當天最讓人驚豔的作品之一。這個意外驚喜是我最難忘的事情。

解析

「目標」與「阻礙」更聚焦，也有具體的衝突，呈現需要被解決的問題，接著「決心」與「付出」就有比較深入的內容。

故事表達的三大問題

故事不是鉅細靡遺的日常瑣事記錄，而是對於生活、工作與人生的一種濃縮與萃取。因此，故事是將我們經歷的事情，透過編輯選材與去蕪存菁之後，重新呈現的內容。

懷鴻的故事修改歷程，也是許多人都會遇到對於自我經驗編輯與萃取不足的問題。出現的問題可能有以下幾個：首先，目標可能太大且模糊，例如海外留學增廣見聞，這個目標太空泛抽象了，不易理解與感受。目標要明確具體，可以視為需要完成的「任務」，更能幫助故事聚焦，例如課後作業的藝術創作，就是一個待完成的任務。

其次是故事的轉折不深入，造成衝突感不足。例如英文不好，那又如何？要思考的是英文不好會產生什麼衝突？原來是上課常聽不懂、誤會老師的意思，導致表現不佳、加深挫折感，這樣的衝突感才清楚。

第三是內心的感受不深入。外在衝突發生之後，對我們的內心有什麼衝擊影響？我們常常點到為止，什麼都交代了，但是故事層次與內涵不足，無法產生共鳴與印象。

除了整理萃取，向他人述說也是一大挑戰。主要有兩個層面，一個是第五章談到的「主情節」，我們需要排列調整故事的時間順序，與事件之間的因果關聯，聽眾才能順暢的跟著故事身歷其境，與我們產生情感連結。第二個是聽眾的時間和注意力都有限，我們要在有限時間內傳達故事重點，更要站在聽眾的角度來構思，要如何吸引與影響他人。

即使掌握故事4P元素，也只是說故事的初步階段。要讓故事更完整豐富、衝突的轉折更多，能帶動情緒起伏，就要讓4P元素的內容更豐富，包括各個相關的人事物、當事人的想法感受、行動細節等內容。

敘事結構，以簡馭繁

當素材增加，故事內容就容易變得零碎紛亂。此時，我們需要運用**敘事結構**，以**有系統的步驟順序**來以簡馭繁。正如同蓋房子需要結構來穩固建築基礎，人體需要骨架來支撐身體，敘事結構是將人事物與感受，透過有意義的時間序列、事件發生的因果關係，重新加以整合。這也像一台雲霄飛車的軌道，讓閱聽者搭上故事列車，進行一趟高潮起伏的旅程。

以主流的主情節為例，這是沿用兩千五百年前希臘哲人亞里斯多德在《詩學》提到的，具有開始、中間與結束的結構。「所有的（故事）元素最重要的是事件的結構。」亞里斯多德在《詩學》中強調。

這個結構也演變成好萊塢重視的「**三幕劇**」（參考表7-1）。第一幕是設定故事問題，建立目標任務；第二幕是讓問題變複雜，陷入難題困境；第三幕則是要解決問題，完成任務。在情節安排上，這三幕要分別進行布局、製造衝突與解決衝突。然而說故事最終目的是帶動閱聽者的情緒變化，創造難忘感動，第一幕的目的是帶動吸引，中間要製造緊張，結局則是情緒要獲得滿足。

因此，三幕劇就像一場撐竿跳比賽，隨著故事進展，不斷調整衝突高度，讓挑戰愈來愈難，最後才能帶動閱聽者的情緒弧線，創造情感連結。

然而要帶動情緒弧線，不是亂加調味料、增加刺激感，而是需要清晰的邏輯，讓故事合情合理。由於三幕劇代表**故事的三個重要轉折**，轉折之間要有因果關係，又要有意外、沒預料到的衝突，才能讓事件之間的變化既能環環相扣，又能曲折起伏。

第一幕	第二幕	第三幕
設定故事問題、建立目標任務	讓問題變複雜、陷入難題困境	解決問題，完成任務
帶動吸引	製造緊張	連結情感
舉例（電影《捍衛戰士2》）： 「獨行俠」米契爾上校接下一個緊急任務，負責訓練一組菁英小組執行一個艱難的特殊行動。	這個計畫非常艱難，要飛去海外某個國家執行轟炸任務，團員可能有去無回。「獨行俠」不希望有隊員犧牲，不能只負責訓練，卻置身事外，但要如何執行任務、又能維護團隊安全，對「獨行俠」是一大考驗。	「獨行俠」決定率隊執行任務，希望保護隊員返航。經過團隊努力，順利完成任務。 但是「獨行俠」為了拯救遭到攻擊的隊員「公雞」，自己的戰機也受到攻擊而墜機，他跳機脫逃，卻遭到地面部隊追擊。 他要如何順利逃脫敵軍追擊呢？

表7-1　好萊塢三幕劇的結構

三幕劇原本是用於長時間的電影、舞台劇，或是電視影集，但是，我們想要說比較短，三分鐘、五分鐘、甚至半小時、一小時的真實故事，仍然適合應用。

當我們練習三幕劇時，仍要克服不少挑戰。這個結構提出了三個重要事件的轉折，但是對主角、當事人而言，如何挑選外在的重要事件，並能表達衝突下的內心感受、想法，以及如何進行下一步行動，還要有因果順序的連結，每一項的思考與表達都是挑戰。

其中的關鍵在於，說故事之前要將故事的時間予以「空間化」。因為現實世界中沒有明確的開始、中間與結尾，時間是一直流逝與向未來延伸，造成我們大部分的經驗都是零散碎裂的狀態，我們也很少回頭去檢視、整理與反思這些經驗。因此，我們得將時光倒流，穿越回各個時間，並打開時間裡的空間，從中追溯故事發生的源頭起因，最後再把提煉的故事高湯倒入「故事結構」的模子中，加以塑型，才會變成可被感受理解的故事。

找到有條理步驟的敘事方法

如同我在前言提到，自己一開始教說故事，運用了三幕劇的結構卻遇到問題：我缺少仔細的步驟流程，幫助學生逐步活用。在探索說故事教學的過程中，我意外發現故事九宮格這個有條理步驟的敘事方法，並持續在教學現場反思、測試與修正九宮格的內涵，最後更將故事４Ｐ融入故事九宮格（參考表7-2）。

４Ｐ是故事線與基本要素，三幕劇則是將故事結構化，建立敘事的順序與節奏。三幕劇可視為敘事的外在時間順序，4P元素則為敘事的內在情節。我們先確立敘事三幕劇的三大重點與順序，接著在每一幕加入故事4P的情節。

第一幕的任務情節，在於角色如何產生目標（Purpose），加上這個目標的重要性（Promise），以及如何採取實際行動（Practice）。

第二幕馬上遇到阻礙／難題（Problem 1），此時內心與想法經歷轉折之後，如何修正調整（Promise），繼續前進（Practice）。

最後來到第三幕，面臨更嚴峻的挑戰下（Problem 2），此時如何找到更好的想法（Promise），有效解決問題（Practice）、完成任務。

藉由故事4P與三幕劇的融合與開展，將故事元素擴增為九個項目，讓它們彼此之間有情節推展和時序邏輯，環環相扣，細節說明如下：

第一幕 任務	第二幕 挑戰	第三幕 更難的挑戰
① Purpose	④ Problem 1	⑦ Problem 2
② Promise	⑤ Promise	⑧ Promise
③ Practice	⑥ Practice	⑨ Practice

⑩意義：學到什麼？

表7-2　結合了三幕劇結構、故事4P的故事九宮格

第一幕：脈絡與任務

Purpose（**目標**）：說明產生目標的背景脈絡，是出自個人內在的渴望，或是意外出現的任務，還是一個過去待處理的問題，突然迫切需要解決。

Promise（**決心**）：要說明這個目標與任務為什麼很重要，呈現自己的渴望或擔心。

Practice（**付出**）：講述完成任務的具體作為與方法。

第二幕：挑戰

Problem 1（**阻礙／難題**）：處理問題或是實現目標的過程中，遇到的棘手問題。

Promise（**決心**）：面對這個難題挑戰，內心想法有什麼影響或改變，想放棄、還是要堅持下去？為什麼會堅持下去？產生什麼新的想法？

Practice（**付出**）：為了解決這個沒料到的問題，提出什麼跟之前不同的行動方案。

第三幕：更難的挑戰與解決

Problem 2（**更難的挑戰、阻礙／難題**）：解決了之前的問題，又冒出另一個問題，或是原本的問題一直沒解決，導致問題愈滾愈大。

Promise（**決心**）：外界出現什麼助力（人事物），影響你的想法、改變你的認知，或是你如何修正原本的想法，打破什麼框架，產生全新的角度。

Practice（付出）：提出什麼新的做法，有效的解決問題，順利完成任務。

最後陳述故事的學習與啟發，作為收尾。故事最重要的是傳達內在隱含的價值與意義，表達上需要用幾句話提供回顧與反思，說明這個故事對你個人的影響與啟發。

電影分析：《捍衛戰士2》的4P元素與故事九宮格

以《捍衛戰士2》的故事為例，我們先回顧第五章表5-3提到的4P，來比較九宮格跟4P元素的差異。

這部電影長達一百三十分鐘，若以三幕劇、故事九宮格來分析，重點是呈現故事的兩個大轉折走向，以及主角內心感受與重要行動。故事九宮格環環相扣的九個重點，可以讓人一目了然。以下請對照表7-2的九宮格編號閱

Purpose 目標	帶領菁英小組執行一個艱難的特殊任務
Problem 阻礙／難題	過去搭檔過世的心魔陰影，艱難任務可能會讓團隊有去無回
Promise 決心，代表全力以赴	不想讓團隊任何一人犧牲生命
Practice 付出，具體實際行動	帶領隊員進行高難度訓練，甚至親自帶隊參與任務

表5-3　《捍衛戰士2》的故事4P分析

讀，看如何簡單地分析與掌握故事情節。

第一幕：脈絡與任務

❶「獨行俠」米契爾上校接下一個緊急任務，負責訓練一組TOP GUN菁英小組執行一個艱難的特殊行動。

❷離開TOP GUN小組很久，這次重返當年發跡成名之地，內心很感慨，也想盡一份心力。

❸了解訓練目標、擬訂訓練計畫，以及了解每位隊員背景。

第二幕：挑戰

❹這個計畫非常艱難，要飛去海外某個國家執行轟炸任務，團員可能有去無回，尤其他發現已故搭檔的兒子「公雞」也是團隊成員，然而「公雞」一直對他有所誤會，兩人發生嫌隙、經常衝突。

❺面對這個兩難抉擇，他一方面想讓搭檔兒子退出訓練，一方面想要更嚴格執行訓練計畫，希望讓全體隊員平安歸來。

❻他決定不只是擔任訓練教練，安排執行計畫，還決定親自帶隊去執行任務，才能帶著大家突破難關、順利返國。

第三幕：更難的挑戰與解決

❼儘管任務艱難，團隊仍能順利完成任務，準備返航之際，「獨行俠」為了拯救遭到攻擊的隊員「公雞」，自己的戰機也受到攻擊而墜機，他跳機脫逃，卻遭到地面部隊追擊。

❽「獨行俠」孤立無援，沒想到「公雞」返回救他，兩人決定攜手一起突破重圍。

❾兩人前往敵方的空軍基地，偷走了一架F-14戰鬥機，並成功擊落追擊的敵機，沒想到面對第三架敵機時，彈藥已經耗盡，千鈞一髮之際被來援的隊員「劊子手」所救。成功返回航空母艦後，「獨行俠」與「公雞」也冰釋前嫌。

用故事九宮格說好真實故事

從虛構的電影回到我們的人生，即使你只有三分鐘時間，九宮格仍可以幫助你說好自己的真實故事。本章開場的學員懷鴻，後來應用了九宮格重新呈現故事，我們最後再比較看看，一開始以4P呈現和使用九宮格步驟後的故事內容差異。

目標　決心　付出　阻礙／難題　決心　付出

第一幕

我曾在二〇〇五年去英國倫敦讀藝術大學，老師會在每次的課程中訂定不同的主題，讓學生依照主題去發想創作。透過這樣的教學，目的是訓練學生的觀察力與創意發想力。

當時我的外語聽力不足，時常在一知半解的情況下聽課，我需要持續精進聽力，才能理解老師意思，我需要花更多時間來學習。

我都利用錄音筆錄、回頭再去聽上課的內容，不斷的再次確認。而這次我認為老師所要指派的主題，就是要以周邊的物品去做創作。

第二幕

創作主題確定後，我就想到宿舍附近的不遠處，有一處廢棄回收場，那邊肯定有很多可以創意發想的素材。沒想到滿滿的廢棄物與垃圾，根本不知道從何找起。

平常因為聽力與表達力不太好，跟其他同學相比，我的表現不是很突出，因此我內心一直想著要如何做出讓人耳目一新的作品，絕對不能放棄這次的機會。

我開始像個拾荒老人一樣翻找，一直找不到適合的材料。最後花了兩個小時，總算確定要創作的素材，就是一綑電線。

阻礙／難題

決心

付出

第三幕

我嘗試各種擺放電線的方式，包括將電線排成A到Z的字母，或是掃描電線後做二次創作拼貼，但都無法讓自己感受到「創意」與「驚奇」。

這是我的第一件藝術作品，不能這麼就放棄了。想著想著，我突然想到，這電線裡面有著不同的顏色，就好像血管、肌肉的顏色一樣，激發我產生另種想法。

於是我著手將電線編織成有著不同顏色的人形面具。作品發表的當天，我才發現自己誤會創作主題，原來是要以carry around（隨身物品）去創作，我卻聽成around（周邊物品），因為同學都是用手邊簡易的素材進行創作，只有我大費工夫，跑到廢棄物回收場去找材料。

但沒想到同學對我的作品大感驚奇，老師也很讚許，我的作品還成為當天最具創意的班級作品之一。

故事的學習與啟發

在這個過程我學習到，激發創意的方法必須要不滿足現狀，並且不斷的嘗試，更要透過聯想才會想到更多可能性。

唯有讓自己感動的作品，才有機會讓別人感動。最初我並沒有預想過要做成面具，而是透過不斷的嘗試、演變與摸索，最終才誕生這件讓我刻骨銘心的作品。

創造每個人的獨特故事

透過九宮格的步驟，懷鴻的故事衝突感更強烈、層次更豐富，也更能引發共鳴。尤其是他反思的學習與啟發，頗發人深省，沒想到語言上的小小誤解，竟激發出特別的創意，還變成一個精彩的故事。「4P比較平鋪直述，故事九宮格讓故事更有層次，針對事情有更細緻的轉折。」懷鴻說出自己的學習心得。

雖然三幕劇、九宮格看似有結構上的框架限制，但是框架內的情境脈絡，人的獨特經驗與行動彼此交織，透過結構性的安排，反而能創造獨一無二的故事。

人的天性保守，會用習以為常的想法來回應外在發生的事情，一般時刻通常相安無事，一旦環境改變、遇到他人的衝突挑戰時，慣性思維反而成為阻礙。因此，面對卡關的狀況，為了解決問題，需要跳脫既有想法，努力找出創新方向，才能突破現狀。

愈精彩的故事往往一波三折。由於棘手的問題不是那麼容易解決，一直要到退無可退、面對最艱難的困境時，我們才有可能頓悟，或接受他人的建議提醒，找到最好的解決方法，順利完成任務。

就像懷鴻在廢棄回收場找了兩個小時，才找到一綑電線，但是怎麼腦力激盪都沒有滿意的作品，直到留意到電線的不同顏色，才聯想到肌肉與血管的顏色。

這就是精彩的創意，也誕生一個好故事。我們獨特珍貴的經驗，就像四處散落的珍珠，透過九宮格的故事線層層串聯，才能成為有精彩故事的珍珠項鍊。

紙上工作坊

從4P到故事九宮格的練習

我們從故事4P發想與聚焦，釐清重點與順序之後，才能進行九宮格的完整故事。以下舉出一位國小老師張碧珊的故事，她先從故事4P調整修改，再運用故事九宮格擴大成完整故事。讀者可以參考我對版本1.0的提問與修改建議，進一步閱讀版本2.0和最終版本，比較其中的差異，也可以跟著自行練習。

1.0版

目標

阻礙／難題

公益米大行動，師生最寶貴的一堂課

那一年帶領學年五個班的孩子在學校的農田種稻，❶三月插秧，七月收割。這個課程結合家鄉開發的歷史，並讓孩子體驗農夫的辛苦。❷

以往學生種的稻米收成後，學校的處理方式是跟著營養午餐的米一起煮，讓全校小朋友吃掉。但是其他未曾參與種稻的課程，孩子吃起午餐就會很無感。所以我想要改變這個做法，決定要帶孩子將收成的米賣掉。❸

我原本以為我們的米收成後，賣個兩萬塊應該沒問題。在我「吃米不知米價」與對收成過度樂觀的狀況下，才驚覺能夠賣到三千元就要偷笑了。❹ 阻礙／難題

賣米賺錢的美夢破碎，可是我不想放棄。我想要讓孩子種植的稻米有價值，我想要讓孩子透過這個活動，依靠自己的努力，實現公益行動。❺ 決心

我想到了讓每個孩子設計「米寶寶」的line貼圖，雖然最終無法上架，但在家長的協助下，轉換成貼紙，在園遊會義賣，賺了四萬多元。我也邀請美術老師一起設計課程，藝術老師教孩子捏製陶碗，並設計米的包裝。

一包三百五十克的米，加上兩個孩子捏製的陶碗，售價五百元，這個公益米組合共賺了六萬五千元，我們也將這些收入全數捐出。

這場公益活動，讓孩子透過行動，將善與愛傳遞出去。我則希望將孩子的心視為福田，深耕深植，成為更好的人。❻ 付出

提問與修改建議

❶地點在哪裡？淡水嗎？要說明一下地點。

❷目標是插秧知道農夫辛苦嗎？這個目標不具體。我推測可能是園遊會義賣的公益活動，目標要具體說明。

❸這個應該是目標，不是阻礙，需要放到目標。

❹三千元賣太低嗎？阻礙是什麼？幾斤賣三千元？預計賣兩萬元要做什麼？要有目

標，才知道阻礙。

❺ 除了插秧之外，孩子有投入其他行動嗎？否則都是老師在焦急，學生的角色變得比較被動。

❻ 孩子的感想呢？因為孩子扮演重要角色，需要知道孩子的心聲。

2.0版

目標

阻礙／難題

我的學校在淡水新市鎮，學校旁邊有一條小溪，叫「公司田溪」，早在荷西時期就有荷蘭人（荷屬東印度公司）招募漢人在此開墾而得名。我的學校也保留一角開闢成農田，讓孩子體驗農事。我的五年級學生就被賦予種稻的任務，他們要在這一年實際下田種稻，並做觀察記錄。

以往稻米收成後，學校的處理方式是將收成的米與營養午餐的米一起煮，讓全校小朋友吃掉。但是未曾參與種稻的課程，孩子吃起午餐很無感，所以我想要改變這個做法，決定要帶孩子將收成的米賣掉，把收入化成有意義的公益行動。

原本以為我們的米收成後，賣個兩萬塊應該沒問題。但在「吃米不知米價」與對收成過度樂觀的狀況下，才驚覺預估只能收成五十斤的米，能賣到三千元就要偷笑了。而這離原本預期的公益捐款還很遙遠。

決心　付出

孩子在課程中，除了下田外，還進行米的專題研究，每個人都選了一個感興趣的主題，進行資料蒐集與整理，並到其他班級報告分享。透過觀察秧苗的成長，大家都很期待稻米的收成，還有實現公益行動。

為了提高米的價值，募得更多金錢以實現公益行動，邀請美術老師一起設計課程。美術老師教孩子捏製陶碗，每個陶碗的樣子與顏色都獨一無二，也燒進孩子想要貢獻社會的心意。最後，孩子將米與陶碗包裝在園遊會販賣，竟然有六萬五千元的收入。這筆錢全是孩子以實際行動所得，孩子在日記寫道：「這些收入得來不易，但很開心能實現做公益的目標，也創造了特別的回憶。」

完整故事版本

公益米大行動，師生最寶貴的一堂課

目標

第一幕

我的學校在淡水新市鎮，學校旁邊有一條小溪，叫「公司田溪」，早在荷西時期就有荷蘭人（荷屬東印度公司）招募漢人在此開墾而得名。我的學校也保留一角開闢成農田，讓孩子體驗農事。

阻礙／難題　付出　決心

學校周邊高樓林立，在這寸土寸金的地方，這一畝田更顯得珍貴。我和同事常戲稱，以地價來計算這畝田的產值，孩子們收成的農產品堪稱天價了。

這一年，我的五年級學生被賦予種稻的任務，我們要在這一年實際下田種稻，並做觀察記錄。

以往稻米收成後，學校的處理方式是將收成的米與營養午餐的米一起煮，讓全校小朋友吃掉。但是沒有參與種稻的孩子吃起這一口飯很無感，不懂其中的意義。

因此，我想要改變這個做法，讓學生重新認識米飯的價值。

此外，有感於我們的孩子多數生活無虞，物資豐裕，缺少付出與感恩的行動。因此，我決定將賣米轉變成有意義的公益行動，讓孩子學習為社會盡一己之力。

第二幕

我腦中有美好的藍圖，盤算這五個班級的收成，應可賣出五萬元。在一場聚會中，跟好友提起這個夢，馬上被當成笑話，最大的衝擊就是「吃米不知米價」。

原來，對於收成量和米價完全沒概念的我，過度樂觀了。殊不知以我們一畝田五十斤米的產量，以時價六十元賣出，也不過只有三千元的進帳。這離當初估算的五萬元公益捐款的目標，有如天壤之別。

我又不能以公益之名來提高售價，對消費者來說欠缺說服力。我心想，公益米的發想，是不是該就此打住呢？還是要回到過去當成營養午餐的做法，這就簡單容易多了。

決心

付出

但是，想讓孩子回饋社會的聲音仍召喚我，讓我不輕言放棄。因此，我需要找擅長包裝與行銷的美術老師一起來發想，如何運用創意來推廣米飯價值。

我將困難告訴美術老師，他馬上就提供帶孩子製作陶碗的想法。主要是透過讓每個陶碗的樣子與顏色都獨一無二，也燒進孩子想要貢獻社會的心意，藉著米與陶的結合，迸發出視覺美感的火花，也讓孩子種植的「新市米」提高身價。

除此之外，他也允諾指導每個孩子製作「新市米寶寶」貼紙，成為附加商品販售。

阻礙／難題

第三幕

只是一包三百五十公克的米，加上兩個陶碗的組合，售價五百元，真的有市場嗎？在園遊會販賣，客群多是學弟學妹，無力負擔公益費用。以學校老師為主要販售目標，又欠缺活動意義。

我想要對社區居民做宣傳行銷，卻沒有行銷推廣的經驗，人力也不足，該怎麼辦？

決心

我決定跟孩子討論對策。他們認為在社區大力宣傳，是增加產品能見度與曝光率的方法。孩子決定製作「新市公益陶米」的海報與傳單，到社區張貼和發送。

付出

因此，孩子就以小組為單位，走入學校周邊的商家和社區，表達並爭取張貼傳單和說明的機會，成功吸引校外人士的目光。

園遊會這一天，孩子的「新市公益陶米」很快就銷售一空。來自社區的預購單，還有特地前來購買的外賓，讓孩子公益行動的努力產生效果。學校的學弟妹也熱情採購米寶寶貼紙，甚至還需要跟廠商再加訂，才能應付需求。這場義賣活動，「新市公益陶米」組募得六萬五千元，「新市米寶寶」貼紙募得四萬元。全數的金錢，交給孩子討論，他們決定捐給家扶、兒福、勵馨、世界展望與動保五個公益團體。

故事的學習與啟發

這筆錢的金額，超乎原本預期。我在這次的公益米行動中，看到孩子卯足全力參與，以實際行動實現助人的目的。有孩子在日記寫著：「這些收入得來不易，但很開心能實現做公益的目標，也創造了特別的回憶。」

這不只是孩子學到最珍貴的一堂課，更是我學習最多、最難忘的一堂課。

解析 從故事4P的修改版本，一直到故事九宮格的完整版，不只增加了第三幕的挑戰，讓衝突節節升高，更扣人心弦，想知道公益米的行動後來怎麼了？另外，也凸顯師生之間的討論，學生積極參與的過程，最後原本五十斤重、市價三千元的稻米，竟賣得了六萬五千元，完成捐助公益團體的目標，也讓師生學到創意、自主討論與積極行動的價值，是一個很精彩的故事。

課後練習

這章的故事九宮格是全書的核心，請讀者想一想，如何運用故事九宮格的架構，將你前兩章的故事線轉換成更完整、更細膩的故事。請仿照紙上工作坊的格式與例子，練習用融合三幕劇與故事4P的故事九宮格，從編號1到編號9，依序寫下你的故事。

故事完成後，請你再仔細想想，寫下故事的學習與啟發，讓故事的內涵更豐富深刻、更有意義。

第三部

實戰篇

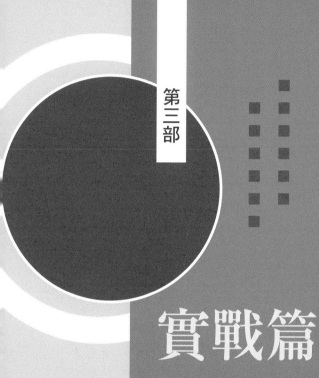

第八章　有故事的專業溝通：

放下複雜圖表與數字，三句話讓簡報、提案與演講不乏味

我有時會擔任政府部門的標案評審，需要聆聽各家公司的提案簡報。有一次是兩家公司來競標一個政府案子，開會前一天我仔細閱讀兩家的提案報告書，審查會前也詢問政府單位對標案的期待與需求，經過反覆討論與確認之後，我才能確定審查標準。

這個計畫主要有三個重點。第一是協助政府單位做好專案管理，第二是推廣行銷，最後是計畫結束後的成效研究，需要了解計畫執行過程中，活動參與者的狀況與需求，並提出未來的改進建議。

第一組報告的提案者可能稍微緊張，開場語速過快，自我介紹完就談到預計在哪裡開共識會議，我心想整體脈絡還不清楚，怎麼就談到這個細節？接著談到政府官網的缺點，希望的改善方向，再來是專案管理的方向，以及提到推廣策略。此時十分鐘的簡報時間鈴聲已經響起，最後的計畫成效研究就來不及講。

第二組提案人的態度沉穩，重點順序皆能清楚表達。他先提出對整體計畫的現況分析，以及遇到的挑戰，最後說明執行方向，包括專案管理、推廣行銷與計畫成效研究。

兩組報告都有很多不足與遺漏之處，需要進一步提問釐清。但第二組明顯比第一組有整體觀，也掌握到政府單位的期待與需求，至少在頭兩分鐘就清楚說明計畫整體脈絡，以及明確的執行方向。

第二組後來得標。第一組簡報遇到兩個問題，首先是沒有釐清與掌握客戶期待。這個計畫的第一個重點是專案管理，兩組都不會有太大差異，但是第一組對於行銷推廣與成效研究沒有太多著墨，被評審們點出沒有仔細了解政府標案的內容與重點。第二個問題是沒有找到核心問題，簡報內容都不是評審最關切的問題，導致無法提出更具體的解決方案。

因此，第一組在十分鐘之內雖然講了很多內容，看起來洋洋灑灑，資料豐富，卻沒有扣緊核心問題，反而讓簡報失焦。

最適新鮮感的敘事思維

這也是許多簡報提案者經常遇到的挑戰。有時會遇到企業人資緊急跟我聯繫，請我來培訓主管說故事。原來是前幾天老闆參與部門報告時，認為報告者的內容沒有切中核心，太多聽不懂的專有名詞，到底要解決什麼問題，帶來什麼改變，都沒有說明清楚。

簡報者遇到兩個問題。第一個問題是一開場沒有扣緊計畫目標、沒有掌握案主顧客的需求，導致案主不了解提案者的動機，沒有建立信任感，也沒針對核心問題提出具體的執行與解決方案。

第二個問題則是提出很多專業數據、圖表與論述主張，看似凸顯簡報者的專業性，但往往跟受眾無關。我曾在建設公司開工作坊時，有位做設計的同仁一直不能理解，自己的專業內容還要被包裝成他人能理解的內容，內心覺得很掙扎，為什麼專業還要被包裝，這樣反而就不專業了。

「事實是客觀且正確的，但這不代表我們就會予以關注。如果它對我們不重要，或者沒有情境可以賦予它意義，它就只是一種雜訊而已。」《勾引大腦》強調，「把事實直接丟給受眾，大家只會閃避。然而，在故事裡具體呈現相同的事實，大家反而會傾身聆聽。」

這就回到第一部第一章所提到，敘事思維與典範思維的差異。敘事思維是站在受眾角度思考他們的需求與期待，甚至考量情緒與感受，典範思維則是用數據、抽象圖表、理性專業的文字與表達，希望傳達客觀事實。

簡報開場如果都是以典範思維出發，受眾不易感受與理解。因為沒有說明具體情境脈絡，讓聽者可以連結到自己關心在意的問題；此外，聽者還得不斷去解讀、思考這些複雜的圖表、數字與投影片要傳達什麼意思？大腦就會湧現很多有待理解的問題。此時，如果投影片依然一張張飛快的變動，等於拉走受眾的思緒，讓他們無法聚焦，甚至產生質疑與抗拒。

簡報者需要回到第四章談的「最適新鮮感」的敘事思維，結合聽者期待、熟悉、又有新奇感的表達模式。「大多數PowerPoint令人感到無聊，因為那是在觀眾預料之中。我們知道接下來會是什麼，會出現另一張條列重點的投影片，然後再一張，又一張。然而，一個好故事有令人驚喜的元素。」簡報專家卡曼．蓋洛（Carmine Gallo）在《哈佛商業評論》的文章〈打開ＰＰＴ，然後呢？五關鍵讓簡報抓住人心〉指出。

簡報要有故事線

簡而言之，多數簡報的問題在於，沒有建立幫助我們理解這些訴求、數字與圖表代表什麼意義？而這些內容又該如何串聯成可被感受、想像又驚奇的**故事線**？

故事線對於好萊塢娛樂產業來說，是一個提綱挈領、迅速掌握故事特色、凸顯故事核心的綱要方向。這也是第二部技巧篇反覆強調、依據時序發展與因果相連的４Ｐ組合：Purpose（目標）、Problem（阻礙）、Promise（決心）與Practice（付出）。

故事線跟簡報提案有什麼關聯？就如同我們看劇本、看電影之前，會想知道這部戲主要說什麼故事，建立一個好奇又熟悉的期待感。同樣的，任何計畫、簡報、提案也需要故事線串聯整體內容，因為我們也不想看到一個枯燥無趣、沒有聚焦重點的報告。

我們都期待看到有故事元素的簡報，簡報者一開口就有戲，讓我們能不費力燒腦、迅速沉浸在故事情境中。這個故事線包括這個計畫的目標是什麼？顧客遇到什麼問題、導致需要你的提案協助，提案者怎麼看待這個計畫、有什麼不同的嶄新想法？最後要如何提出可行的解決方案，可以讓業主買單？

剛剛提到政府標案的例子，第二組的一開場，就將計畫目標、計畫遇到的挑戰說明清楚，接著提出自己的觀察想法，以及提案動機，最後進入具體方案說明，等於依序說明故事線的４Ｐ組合，才不會凌亂失焦。

故事線除了建立簡報敘事的整體感之外，還有讓簡報內容像劇本、甚至電影分鏡表般，以主情節的敘事方式與視覺化呈現每個主要概念，就像一個個事件串聯而成的故事，而不是傳統PowerPoint的預設模板，用項目符號列出的一連串項目。

因此，這章重點在於如何先將敘事思維與受眾需求連結，其次是故事線與簡報內容連結，讓簡報不會陷入過於枯燥專業，更能強化顧客的注意力與專注力，才能建立有效的溝通對話。

敘事簡報根據目的會有不同呈現方式（參考表8-1），我以目的是要獲得感動，或是取得資訊為橫軸，縱軸是想改變認知，還是改變能力來區分。因此，第一象限是演講，第二象限是報告，第三象限為教學，第四象限為提案。

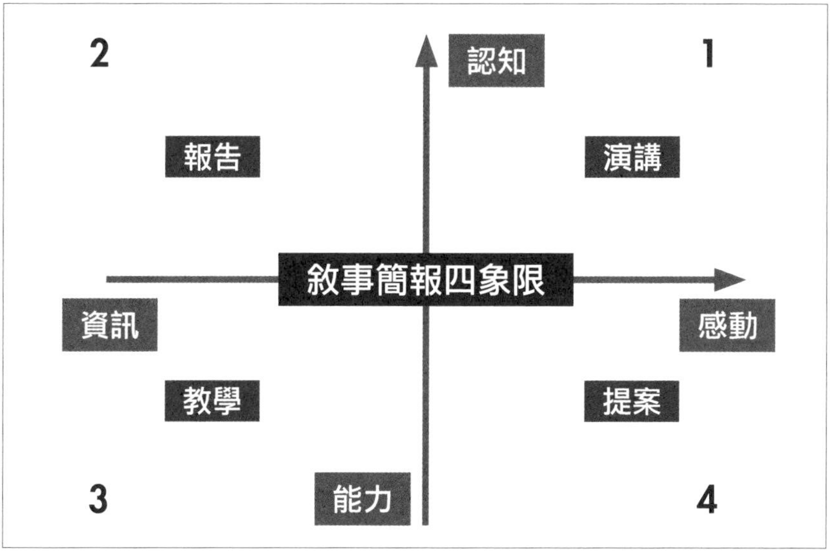

表8-1　敘事簡報四象限

先以贏得顧客聽眾感動與信任的演講與提案來說明。第一象限演講的主角是講者，目的是獲得感動、贏得肯定，改變聽眾信念與認知，就需要大量說故事才能建立連結，改變認知與價值觀。第四象限的提案，主角是客戶，目的是透過提案獲得認同，能夠解決顧客的問題，並賦予顧客解決問題的能力。因此，如何說一個讓顧客信任的故事，成為提案重點。

其次是獲得知識與資訊的報告與教學的模式。第二象限的報告是將蒐集到的事實、數據做有系統的整理，讓聽眾了解重點，目的不是要激發認同，而是有效了解資訊或得到知識，但是要建立故事線，增加故事情節的內容，提高注意力與吸引力。第三象限的講課教學，主角是學生，希望讓他們獲得知識，並增加解決問題的能力。因此講授過程是循序漸進、逐階突破，故事成為吸引注意力、提升思考力與幫助理解的案例。

這章重點主要聚焦在第一象限的演講與第四象限的提案為主。第三象限的教學，則是第十一章的主題。至於第二象限的報告，可以參考第九章；關於如何導覽解說，可以參考第十二章。

不論是哪種簡報模式，前提都是建立敘事思維。這是要先考量我與顧客／聽眾之間的連結，先問顧客為什麼要聽、顧客的渴望與需要是什麼？接著問自己（演講者、提案者、報告者與教師）的目的與動機，為什麼要進行這個簡報？

如果顧客是故事的主角，我們就要建立顧客期待的故事線。這條故事線需要**透過提問來思考，先用4P想出故事線大方向**，包括顧客的Purpose（目標與渴望）是什麼？發生什麼Problem（阻礙），導致目標無法實現？接著在這個狀況下，我想為顧客做些什麼，也就是我的Promise（動機、想法與決心），我的Practice（行動與解決方案）為何？

接著，我們可以**透過7W1H進行細部盤點**：包括顧客是誰（Who）、是在什麼脈絡情境下（When & Where）、對這個簡報的渴望與期待（Want），他們遇到什麼問題挑戰（What）、聆聽參與的動機是什麼（Why），他們如何面對這些問題、有做哪些改變行動（How）。最後、也是最重要的故事元素，在於你要給他們什麼意外驚喜（Wow）、提出什麼創新方案？

這些問題不只是在簡報者大腦中構思，更建議直接與顧客溝通。如果是演講者，可以跟主辦單位多加詢問，或是找幾位有興趣、有需求的朋友聊聊。如果是提案者，當然更要跟案主、客戶進行深度溝通，詢問清楚狀況。報告者則需要跟可能的聆聽者、主辦者多加討論需求與期待。教學者需要站在學生角度來思考，這些課程內容對學生的重要性，如何吸引學生注意力，讓學生更願意投入學習？

這個構思與探問過程中，也會逐步建立自己的意義感與價值。這是一種貼近他人需求的服務心態，不只是更明白他人需求的現實感，也能放下專業者自我中心的想法，簡報就不會陷入專業導向的典範思維。此外，還能強化我們全力以赴的投入心態，真心想為他人做些什麼，找到工作的意義。

接著，就要像如何寫劇本般，為自己的演講與提案進行布局，建立故事線與內容情節。

演講個案（一）：賈伯斯經典的十五分鐘講演

我們先談演講。演講如何說故事？故事要如何安排？建議先思考演講時間，是十五分鐘、半小時、還是一小時？了解時間限制之後，接著確立自己的故事線，運用故事4P寫下演講主軸與訴求。

再來是故事結構。要講幾個故事？一個故事用三幕劇、故事九宮格來完成，還是三幕劇分別用三個不同主題的故事來完成？一個故事要傳達一個意義，如果是三個故事，就要傳達三個意義，才不會重複無趣。接下來，我們就來看看兩個不同長度的演講例子，分析如何構思有結構、有故事的內容。

蘋果電腦創辦人賈伯斯在二〇〇五年史丹佛大學畢業典禮的演說，是動人的經典個案。這一場演講沒有任何投影片，完全靠講稿與口語表達來跟聽眾交流，他的演說內容與故事結構很值得參考。

他一上場就破題：「今天，我很榮幸能參加全球頂尖學府的畢業典禮，和你們共聚一堂。我大學沒畢業。說實話，現在是我離大學畢業最近的一刻。今天，我要跟各位分享我人生中的三個故事。我不談大道理，只說三個故事就好。」

緊接著他說：「第一個故事，是關於人生中的點點滴滴怎麼串聯在一起。」這個故事談他的身世，養父母支持他上大學，但因為學費太貴了，他決定休學，不必參加沒興趣的課，但能夠去旁聽有興趣的課。他上了書法課，學到美麗的字體，以及不同字母組合的變化，最後當他設計第一台麥金塔電腦時，就把當年學到的書法字體，放在電腦之中。

賈伯斯繼續說：「我的第二個故事是關於愛與失去。」他分析創業歷程，以及被董事會趕出公司的痛苦，他成為失敗者，在反省之後重新釋放自己的創意，陸續創辦兩個公司，他才發現要找到自己熱愛的事情。

第三個故事是關於死亡。他談到罹患癌症與治療過程，重新思考生命與死亡的意義，以及聽從自己內在的勇氣，找到挑戰與希望。

最後賈伯斯將這三個故事串聯起來，包括了他探索、創業與生命的三個階段，很符合三幕劇的開始、中間與結尾。他做了最精彩動人的總結，期許畢業生「求知若渴，虛心若愚」。

我回推賈伯斯構思的故事線如下：Purpose（目標）是讓大家找到值得一生追求的熱情；Problem（阻礙）是人生變化莫測，永遠難以預測生命的發展；Promise（決心）則是透過各種嘗試來探索、找出自己熱愛的事情；Practice（付出）是去經歷、體驗與嘗試失敗，才能找到熱情，更能串聯生命歷程的點點滴滴。

我們如果用故事九宮格來呈現這場演講的重點（以下請參考表7-2故事九宮格中的編號來對照閱讀）：

❶ 上大學學習，然而學費太貴了，不想讓養父母負擔高額的學費。

❷ 不離開學校，而是旁聽有興趣的課，才不會浪費時間。

❸上書法課，學習感受與思考字體美學。最後創辦蘋果電腦，設計麥金塔電腦時，就將當年學到的書法字體放在電腦中。

❹創業成功，但與董事會理念不合，竟被趕出董事會，失去自己創辦的公司。

❺度過低潮之後，開始正向思考，不放棄創業初衷，要運用創意開發各種好產品。

❻創辦兩家公司，最後得到的啟示是要找到熱愛的事。

❼重回蘋果之後，開創新的產品，沒想到遭遇無常的癌症襲擊，讓他得暫離職位去對抗病魔。

❽有機會停下來思考生命與死亡意義。

❾接受生命與事業的考驗，投入治療，也投入工作，繼續創造有價值的產品。鼓勵更多人追求熱情。

❿求知若渴，虛心若愚。

在時間上，他也分配得很精準：開場與結尾各一分多鐘，三個故事各四分鐘，連接起來就是十五分鐘。他的演講敘事符合三幕劇、九宮格的結構，另一方面也可視為三個獨立主題的故事，雖然彼此沒有關係，但是在巧妙串聯下，可以傳達他想談的主題。

演講個案（二）：用四個故事完成兩小時的線上演講

大家如果要準備十五分鐘的演講，可以仿效賈伯斯的三個故事，或是準備一兩個時間較長、較完整的故事，再運用故事九宮格來呈現。但如果是一個長時段的演講該如何準備？

我以自己先前在線上對四百多人演講「職場提問力，如何提升溝通與領導力」的經驗，說明兩小時的內容該如何安排。

準備與構思演講內容，包括了三個階段：首先我們要有了解聽者需求的敘事思維，第二是故事線設定，最後才是安排整體敘事結構。

我先思考職場工作者在提問與溝通對話上遇到的挑戰，以及他們對這場演講可能的渴望與需求，並且以４Ｐ來歸納這次演講的想法，請參考表8-2。

Purpose 目標	想對客戶、團隊有效的溝通對話，了解他們，建立連結關係。
Problem 阻礙	無法有效提問與聆聽，找到他人的問題與需求，也抓不到重點，無法提出解決方案。
Promise 動機、想法與決心	為他們提出具體應用的提問方法。
Practice 行動與解決方案	準備四個故事、四個方法，以及線上的問答互動，強化注意力，也能讓聽者產生共鳴與領悟。

表8-2　「職場提問力，如何提升溝通與領導力」演講的聽眾需求4P

接下來，我就以自己的職場與工作經驗為例，設計這次演講的故事線。我透過四個自己親身經歷的職場故事為基礎，各有四個不同的Purpose（目標），遇到不同的Problem（阻礙），我如何從挫折中找到新的Promise（想法與決心），運用不同的提問技巧Practice（行動與解決方案）來解決問題。

此外，由於線上演講沒有實體現場的感染力，為了增加聽者參與的互動性，提高聆聽與學習效果，我特別運用故事情境中的「阻礙」進行提問，讓大家思考不同情境該怎麼辦。我請大家在線上回答，每個故事說完之後，再請大家用文字回應這個故事的體會與啟發，藉此提高互動參與的效果。

我的開場故事，是分享二〇〇七年訪談壹傳媒創辦人黎智英。

目標	了解婚姻失敗與再婚的歷程，事業經營的想法與挑戰。
阻礙／難題	擔心黎智英會被我的問題激怒，無法深入對話，搞砸這場訪談。
決心	轉換角度詢問，想站在同理立場詢問離婚對孩子的影響。
付出	建立信任感之後，問了很多內心感受與想法，還有許多故事細節，順利完成專訪文章。

說完這個故事之後，我分享訪問黎智英過程中，如何應用《精準提問》的AAAR優

質對話四循環（提問、積極聆聽、覺察與回應），以及提問四技巧的承轉力與正向提問力。

第一個故事只是熱身開場，除了為演講定調，也吸引大家專注參與，並產生對這場演講的後續期待。我接著進入第二個故事，談我在團隊領導過程中的啟發。

目標：二〇〇五年我臨時接下《三一九鄉》專刊主編工作，需要帶團隊跑遍全台三一九鄉鎮，報導各地有趣的餐飲與旅遊內容，還要在三個半月內出刊。

阻礙／難題：團隊是雜牌軍，沒有向心力，同時人員組成複雜，許多都是兼差，時間進度也落後，眼看即將無法準時出刊。

決心：重新建立以各縣為單位的採訪團隊作戰方式，而非單兵作戰，建立團隊之間的連結與向心力。

付出：賦予每個團隊使命與責任，大家集中火力分工合作，順利在期限內出刊、完成任務。

第三個故事是我成為自由工作者，協助民宿設計有故事的風土餐桌菜單，完成創新任務。

決心　阻礙／難題　付出　目標

幫助緩慢金瓜石民宿設計有故事的菜單，讓民宿團隊能說菜，成為民宿的亮點。

自己不會做菜，金瓜石的在地食材不多，不易發揮。

帶著主廚走訪市場、尋訪食材達人，發現宜蘭與瑞芳金瓜石的在地連結。

運用東北角的海菜、小卷與九孔等海鮮，以及宜蘭的在地食材，設計出從前菜到甜點的風土料理。寫好說菜劇本之後，帶著民宿管家們親自走訪市場、與食材達人交流，才能自然地說出真實故事。

這個故事的意義是運用提問力挖掘、了解脈絡，找到不同特色的創意連結，並談到創新提問力，透過探索、發現與學習，建立跨領域的創新能力。

前三個故事結束後，我開始談什麼是好問題，以及如何建立問題意識。說完概念與技巧後，舉自己在課程教學的幾個案例，如何將紛雜的問題重新梳理，變成有邏輯順序、有整體主題的問題組合。

最後一個故事則是要為整場演講製造最後的高潮與收尾。前三個故事各有二十分鐘，第四個故事很短，只有五分鐘。

目標

我在二〇一八年開始開寫作課，好幾班都迅速招生滿班，獲得肯定，這一年一共開了十班寫作課，有了好的開始，希望教學工作更順利。

阻礙／難題

二〇一九年寫作課招生開始下滑，此外，我在其他主題課程的招生、企業內訓狀況也不如預期，導致收入大幅減少。

決心

雖然擔心課程招生狀況，但是多出了許多時間，為了不浪費時間，開始利用空檔寫作，希望完成兩本書。

付出

二〇一九年出版了《風土經濟學》，希望倡議台灣在地特色，運用實務方法來創造地方價值。另外，同年也完成《精準寫作》的書稿，在二〇二〇年一月出版，等於一年之內寫完兩本書。

沒想到《風土經濟學》獲得二〇二〇年金鼎獎非文學圖書獎，《精準寫作》也獲得國家文官學院年度選書，都是意外驚喜。我的寫作課陸續開了好幾班，另外的風土經濟學企劃工作坊，也廣受各地邀約開課。

故事說完後，我談到這些成果是提問與寫作的結合：先問出好問題，再透過寫作把想法付諸實現，在過程中也不斷精進自己的寫作與思考能力。

最後，我為大家總結講座的三個重點：挑戰與歸零、探索與創新，以及問出好問題，提醒聽者除了記得故事，更要記住重點與方法。

設計這一場兩小時有故事的線上演講，我用了三個大故事串場，一個小故事當收尾，整體用了兩百張投影片。每個故事大約有二十張附有圖片的投影片，以故事為主、視覺為輔的方式呈現。故事結束後，會給線上聽者兩分鐘的思索時間，寫下自己的感想，我再從中挑選六個有趣、有想法的感想，加以詮釋說明，並鼓勵他們勇於表達想法，讓每個段落都有互動討論的機會。最後再用三十張左右、運用簡潔文字與或圖示的投影片，說明故事背後要傳達的方法與重點。

簡報提案個案：找出產品的故事線

演講先用感性故事打動人心，再傳達理性思維與方法。提案簡報應用故事的方式，則是跟演講相反；要先陳述顧客內心的渴望與痛點，接著提出讓顧客驚訝的解決方案，幫助他們完成未來可以實現的故事。

我曾受邀去一家電動機車品牌公司開簡報提案課，協助高階主管針對不同受眾設計簡報提案。其中一位主管要對自家品牌的現有油車（汽油機車簡稱油車，電動機車簡稱電車）經銷商提案，希望這些黑手師傅兼店老闆能加入經銷體系，擴大電動車市占率。

產品主管的故事4P

我先運用敘事思維了解這位主管的故事4P，找出可被解決的核心問題（參考表8-3）。原來這家電動車品牌是以油車起家，擁有數量龐大的車行經銷體系，他們的Purpose（目標）是希望既有的經銷體系能夠轉型，加入電動車銷售體系，才能擴大電動車市占率。

然而，電動車經銷商的Problem（阻礙）是，現有車行老闆習慣原有油車保養維修的經營方式，對於不太需要維修保養的電動車很陌生，加上銷售上需要更多的電動車專業知識，電動車客層也跟傳統油車顧客不同，他們對於加入電動車經銷體系沒有太大信心，更抱持排斥與質疑的態度。

品牌主管的Promise（決心），就是找到好的提案內容，透過好的Practice（行動方案），說服經銷商參與電動車體系，才能擴大銷售數量。

這份簡報要能消除傳統車行老闆的疑慮，讓他們接受新的銷售模式，以及學習電動車專業，才能擴大品牌的市占率。我們要找出傳統車行老闆有感與在意的故事線，才能提出打動人心的提案簡報，否則再多簡報技巧也枉然。

顧客與經銷商的故事4P

我帶領這群主管思考車行老闆的故事4P。車行老闆幾乎都是黑手出身，一輩子都在做油車的銷售與維修，

Purpose（目標）	推動油車經銷體系轉型、擴大電車市占率。
Problem（阻礙）	油車車行老闆排斥與質疑。
Promise（決心）	找到好的提案內容。
Practice（行動方案）	說服傳統車行參與電動車體系。

表8-3　品牌主管的簡報4P

這是長期穩定的獲利模式，很難讓他們轉型。但是，他們現在最大的Purpose（目標）是什麼？遇到什麼Problem（阻礙）？什麼提案能打動他們的Promise（決心），願意轉型參與電動車體系？再來才是具體的Practice（解決方案）。

我提出一個問題激發大家的想像力：車行老闆會退休吧？他們的孩子會接班嗎？他們的下一代也是在車行工作嗎？一位主管回答，黑手師傅的工作很辛苦，即使收入很高，下一代都不願意接班，反而都去外面上班。

我接著提問，關鍵在於如何說服第二代願意接班，並轉型加入電動車體系，才有可能打動車行老闆，否則再怎麼強調電動車的優點，也很難打動油車老闆的心。

主管們恍然大悟，開始思考如何找出打動車行老闆的提案方向，下頁表8-4的內容就是初步的提案故事線方向。

這份針對車行老闆的簡報提案，主角是車行老闆與他的下一代，說明了主角目標、渴望與阻礙，爭取認同與信心，接著再提出與車行老闆、第二代一起努力轉型的具體方案，才有可能突破現有框架，擴大電動車的經銷體系。

這個新提案讓一直苦惱如何說服油車老闆轉型、擴大經銷體系的主管，終於展現微笑。他說，原來不是一直提出數據，用各種圖表來展現我們的優勢，企圖去說服車行老闆，而是先去思考對方內心的感受與需求，找到他們最在意的地方，才能建立共識。

這章拆解演講的故事線架構，讓大家了解故事與簡報的密切關聯。包括從建立故事線之前的敘事思維，深度了解受眾的渴望、擔心與需要，接著運用故事線的邏輯，一步步建

Purpose（目標）	讓車行第二代願意回家接班，建立自己的事業，而且是具有環保、流行與符合市場趨勢的電動車事業。
Problem（阻礙／難題）	電動車經營與銷售模式跟傳統油車不同，有很多專業不了解，也沒有信心。
Promise（決心）	**渴望**：孩子有自己的事業，更能承接自己辛苦打拚的事業。 **擔心**：電動車市場門檻高，專業度不是傳統油車可以理解。 **需要**：有更清楚的電動車創業計畫，以及專業協助，不是從零開始摸索。 這也顯示品牌公司重視車行老闆的心聲，期待與父子一起攜手打拼未來。因此，公司會提出具體的經營方案，包括專業輔導、透明清楚的合作與獲利模式，讓車行老闆了解，更有信心加入新體系。
Practice（付出）	具體的合作內容，包括電動車店面的裝潢補助，以培訓與專人輔導溝通銷售、相關維修技術，並說明清楚的獲利模式，明確的發展方向。

表8-4　給油車老闆的提案4P

構自己的簡報內容，不論是打動人心的演講，還是建立信任感與認同的簡報提案，都要有引發共鳴的故事，才能建立深刻的連結與信任感。

課後練習

(一)如果你要準備一場二十分鐘左右的演講，請你構思貫穿這場演講主題的故事線，以及準備二到三個故事，還有每個故事背後要傳達的意義。

演講主題線4P：

第一個故事4P，以及故事意義：

第二個故事4P，以及故事意義：

第三個故事4P，以及故事意義：

(二)如果你要準備一個提案簡報，請你先構思提案對象是誰，他們的Purpose與Problem為何?接著提出你的Promise與Practice。

1.客戶的Purpose：

2.客戶的Problem：

3.你對客戶的Promise：

4.你對客戶的具體執行方案Practice：

第九章　讓構想成真的敘事寫作：

亞馬遜的六頁備忘錄教我們的專業傳達

我這幾年經常受邀到企業與政府部門教寫作。從中央各部會、縣政府各局處到鄉公所，還有企業的品牌部、業務部與人資部門，甚至還有會計師事務所，儘管大家的專業領域不同，在工作上都遇到撰寫新聞稿、廣宣、企業簡介、人才招募、顧客書信往來與提案報告的寫作問題。

比方我曾為一家銀行的金融產品部門，指導如何撰寫新聞稿與基金／股市投資建議報告。我在課前先研究他們最近發出的新聞稿，針對內容提出六個問題與建議，包括：

- 標題與內文要強調讀者痛點，才讓讀者有感覺、會關心。文章不痛不癢，讀者就不會關心。
- 文章開場沒有快速讓讀者知道跟他的連結，也沒有引發好奇感。
- 文章的重點隱藏在段落中，沒有凸顯出來，讀者找不到重點，就不會往下看。
- 段落之間邏輯關係不清楚，顯示思考不夠仔細。有好幾段的重點重複，或是跟主題無關，會造成讀者閱讀上的混亂。
- 太多專有名詞，增加讀者的閱讀阻礙，文字需要口語化、簡單化與具體化。
- 文章沒有一個清楚有力的結尾，只是把資訊交代完，讀者不一定會記住文章訴求。

這六個問題，也是企業與政府最常出現的寫作問題。其中首要的關鍵是，只把自己想寫的一股腦倒出來，卻忘記讀者與作者之間的認知差距，忽略讀者的需求與感受，造成過多的專業術語，內容不易理解且枯燥乏味。

作者與讀者之間需要搭一座敘事思維的橋。這是能夠客觀站在讀者角度思考，如何引導讀者逐步過橋來理解、感受你的文章內容與專業，否則就是將讀者排拒在外，造成無效溝通。

除了敘事思維不足（為什麼我要寫、讀者為什麼要看的問題），另一個關鍵是敘事寫作能力不足（該如何陳述我的想法讓讀者理解）。不論是企業、政府的寫作課學員，他們常常不知道如何發想主題、統整龐大的資料，文章架構與組織能力不足，更寫不出結論。

敘事寫作能力長期被忽略

從發想、統整到撰文的過程，如同構思由自身出發的真實故事，是一種有條理、又能引發讀者情緒與共鳴的敘事能力。敘事寫作不光能應用在新聞報導、新聞稿，甚至是公司簡介、人才招募、計畫書與廣告宣傳，能夠幫助我們建立一個明確主題，寫出扣緊主題的故事線，再用打動人心的方式，依序呈現文章內容。

然而，企業在內部與外部溝通時仍強調簡報技巧，敘事寫作長期以來卻是被忽略。大家普遍認為，簡報具有視覺性溝通與個人魅力；文字溝通要靠縝密的思考推敲，需要花很多時間構思與撰寫。

但是，從閱讀者來看，跟聆聽簡報相比，透過文字溝通反而省時，文件讓人能反覆閱讀，深入作者的想法，或是找出其中的問題。從寫作者來看，回到敘事能力與邏輯思考能力的基本功，有助於鞭策自己思考與表達，並且進一步應用在口語表達與簡報上。

因此，企業想達到更完整的內外溝通，可以讓簡報與寫作並重，甚至以敘事寫作為溝通基礎，可能會帶來更大的影響力。亞馬遜就是如此。他們開會禁止使用簡報，而是運用敘事寫作來提升公司內外的溝通，甚至是創新能力。亞馬遜創辦人貝佐斯為什麼要這麼做，是如何做到的，成效如何？

接下來，我們先來認識亞馬遜如何運用敘事寫作提升公司溝通力與競爭力。接著，我會教大家把故事4P的故事線與企業的敘事寫作結合，交出溝通品質良好的內部會議報告，以及對外宣傳的新聞稿。

亞馬遜的「六頁備忘錄」

亞馬遜董事長貝佐斯創業之後，每週要參與公司內部幾十場會議簡報，當他會後要重新閱讀簡報內容時，卻發現內容太簡短、不清楚想表達什麼，而且與會者對於簡報條列內容的解讀不同，一旦忘記簡報者說過什麼，就很容易起爭執。

「數據精簡，容易讓人過目即忘的投影片，往往會使與會者變得無知和被動，而且還會降低簡報者的信譽。」兩位前亞馬遜副總裁在《亞馬遜逆向工作法》指出，「這樣深入探究的內容令人沮喪，而且效率低下，簡報者和與會者也都容易犯錯。」

簡報是以投影片為單位，每張投影片要傳達一個訊息，有圖片與條列文字，我在《精準寫作》稱為「簡報思考」。簡報思考容易發生兩種問題；首先是簡報者的思考片段化，不易串聯成清晰完整的想法。有位金融業的學生告訴我，她可以快速製作簡報，卻不會寫作，即使要將簡報訊息組織成有條有理的文字內容，也不知該從何著手。第二個問題是，聽者無法完整思考。每張投影片都是快速傳達重點與結論，聽者很容易當下聽懂，但只有片段記憶，無法有效回溯，掌握整體內容。

貝佐斯在二〇〇六年決定禁止同仁用投影片報告，要求會議召集者只能用一頁或六頁A4尺寸的規格，以敘事寫作的方式撰寫創新提案的報告，稱之為「六頁敘事備忘錄」（six page narrative memo）。

因此，會議召集人必須在兩個禮拜前先找團隊不斷討論，起草文稿並加以修正，強化文章的可讀性、邏輯與說服力。「出色備忘錄的敘事結構強迫撰寫者更深思熟慮，也更深入理解什麼比較重要，以及事物之間如何產生關聯。PowerPoint型態的簡報以某種方式美化構想，削弱構想的相對重要性，並忽略構想的相互關聯。」貝佐斯曾在公司內部郵件解釋這個改變的原因。

另外，閱讀敘事備忘錄也是亞馬遜的會議特色。備忘錄不是先寄給大家，而是進入會議室之後，讓所有人在前三十分鐘仔細閱讀。時間到了，由每個與會者逐段提出他們的感想（通常，高階主管是最後發言者），接著討論問題，有沒有疏忽遺漏之處，並深入探討可能發生的潛在問題。

「這六頁敘事體備忘錄是針對任何新構想而製作的文件，反映此構想的思考過程，以『故事』形式撰寫，清楚述說此構想或計畫，彷彿你在和某人交談，向他們解釋這新構想的背後故事。」《貝佐斯寫給股東的信》指出。

運用敘事寫作進行創新研發

亞馬遜不僅以「六頁敘事備忘錄」進行創新提案，也將這個方法應用於對外的新聞稿。

一般來說，企業的新聞稿都是產品開發流程結束、準備上市時才開始撰寫。亞馬遜的作業流程卻相反，在產品開發初期，就站在顧客角度思考產品意義與效果，預先撰寫產品未來上市後的新聞稿，再針對新聞稿進行密集討論。

這種逆向思考的寫作，讓亞馬遜能夠從未來倒推產品開發過程中的困難與挑戰，找出改善的方法與成功的標準。比方在撰寫新聞稿中的產品功能時，高階主管常會提問：「那又怎樣？」如果新聞稿描述的產品沒有比現有產品更好（例如更快、更容易、更便宜），或是能改變顧客體驗，就不值得投資。

「寫下我們的構想是一件苦差事。這項工作要求我們要周延準確。我們必須描述功能、價格與服務如何奏效，以及消費者為什麼會想要這項服務。不成熟的構想在書面文字之中，比在PowerPoint投影片中還更難以隱瞞，因為無法像口頭簡報那樣，透過個人魅力加以掩飾。」《亞馬遜逆向工作法》強調。

亞馬遜要求，提出這類產品新聞稿，最少要跟最高領導團隊開五次會議，草稿也要撰寫十次以上；經過不斷修正改寫，才能改善產品開發、行銷的流程與品質。「透過新聞稿，明確的目標客群、成功標準、可能遇到的困難與障礙，以及必須堅持的原則，就完成了對創意從初步概念到實施規劃的打磨。」管理學者瑞姆・夏藍（Ram Charan）在《顛覆致勝》強調，這是亞馬遜提升創意的「獨門心法」。

亞馬遜甚至要求，來公司面試時實際撰寫六頁敘事備忘錄。有位印度人到亞馬遜總部面試印度分公司高階主管，面試官要求他以一份六頁報告說明：「我做過最創新的事」，以及「我在職涯中做過最在乎顧客的事」。

不論是內部的創新提案還是對外的新聞稿，六頁敘事備忘錄讓亞馬遜發生重大改變。「開始使用敘事報告後，我們的會議發生變化。討論的內容更多，細節也更多，因此會議討論更加熱絡，花的時間也更長。我們沒有太關注預估損益表和估算市場占有率。我們花很多時間討論服務和體驗內容，以及哪些產品和服務最能吸引顧客。」《亞馬遜逆向工作法》觀察。

問題意識故事線，釐清寫作主題

對亞馬遜來說，六頁敘事備忘錄主要是先問幾個重要問題，再來陳述對問題的回應報告。包括具體陳述事實與相關數據，並推論段落之間的因果關係，以及寫出實際運用的對策方案，才能有說服力。

《貝佐斯寫給股東的信》指出，亞馬遜主要問以下幾個問題：一、顧客是誰？二、顧客的問題或機會是什麼？三、最重要的顧客益處是什麼？四、你如何知道顧客需要什麼？（說明你的提案緣起）五、將帶來怎樣的顧客體驗？

這些問題，正是運用故事4P建構故事線的架構；也就是：讀者是誰？主角是誰？主角的Purpose（目標）、Problem（阻礙）是什麼？為了解決顧客的問題，提案者／寫作者的Promise（決心與投入動機）是什麼？最後是解決方案Practice（付出）。透過故事4P的元素，就能組成一個有整體脈絡、也有吸引人閱讀的故事情節，藉由具有明確的因果關係與論述清晰的敘事寫作方式，就能夠跟讀者有效溝通。

然而大部分的企業寫作遇到的問題，第一個就是想不清楚主題。換句話說，就是你的文章要說什麼？要如何建構故事線？你想解決什麼問題？

因此，當企業組織要進行敘事寫作溝通時，需要先釐清主題，或是釐清問題意識，才有具體的出發點。我把問題意識跟故事4P密切相連，稱為「問題意識故事線」。就像故事4P的Purpose（目標）與Problem（阻礙）之間的關係，找到真正要解決的難題阻礙，接著釐清抉擇與投入的原因Promise，從Purpose、Problem到Promise逐一釐清，就是整體敘事寫作的問題意識。有了問題意識，才有最後的解決方案（solution），也就是我們的Practice（付出）。

有問題意識的故事線，幫助我們能夠清楚說出整體脈絡，遇到難題的原因，以及我們的想法與執行方案。因此，我們必須先有這樣的思考，再去整合蒐集相關的資料，成為敘事寫作的具體內容。

有了問題意識故事線，接下來就要建立敘事寫作的主題。我整理出敘事寫作主題四象限（見表9-1），作為應用時的參考。橫軸是要先區分這是公司內部溝通的提案

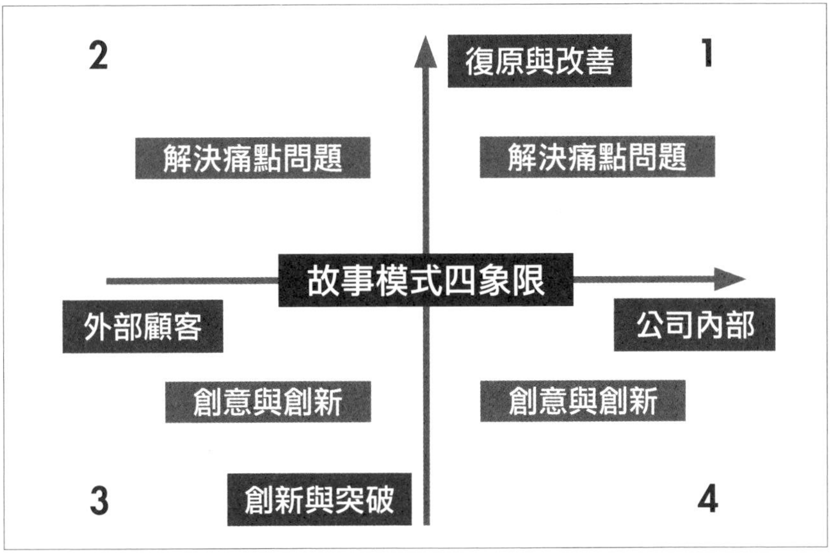

表9-1　敘事寫作主題四象限

報告，還是針對外部市場、顧客與讀者的新聞稿；縱軸是主題目的，上方是要復原與改善現有問題，下方則是要創新突破。

先談表中的右半部，公司內部的提案報告。第一象限是為了解決公司內部痛點問題，主題方向就是釐清什麼問題影響了既有穩定狀態，找出改善與解決方案。第四象限則相反，想要創造不一樣的未來，先釐清方向與期待，再找出讓現狀更好、更令人嚮往的創新方案。這兩個象限的讀者都在公司內部，可能是單一部門，或是跨部門溝通。

表中的左半部，針對的是公司外部顧客，包括客戶、大眾，在溝通時需要降低專業術語，以讀者能理解、關心與感受的敘事方式呈現。第二象限是公司對外的報告與新聞稿，屬於解決痛點問題模式，需要釐清讀者目前遇到的問題，以及採取哪些具體措施來解決。

第三象限的創意與創新模式，則是公司要提出激勵人心、讓人期待的創新方案。寫作主題需要釐清未來趨勢與變化，以及試圖為市場、讀者建立可被感受與期待的願景，接著釐清現狀與可能產生的問題，最後是有什麼創新方案來滿足未來的需求或渴望。

亞馬遜的創辦人貝佐斯親自領軍走出改變之路，證明敘事寫作的無形威力，期待更多公司組織與政府單位能運用敘事寫作提升思考、表達與創新能力。「成功的敘事幫助讀者將零星資訊連成一體，進而創造出一個有說服力的論點，而不是呈現斷斷續續的資訊讓觀眾自己拼湊。要寫出有說服力的內容，就必須增強思想的清晰度。」《亞馬遜逆向工作法》強調。

紙上工作坊

新聞稿與科學研究計畫的敘事寫作

以下的兩個不同個案，分屬於第二和第三象限模式，請大家實際比較修改前後的內容差異，從中理解如何提升敘事思維，運用故事4P來完成敘事寫作。也請讀者自行思考，版本1.0的問題，你會怎麼調整修正？接著請你再比較修改後的版本2.0版與原版有什麼不同，以及與你自己修改的差異。

教育部青年署新聞稿寫作

我到教育部青年署開設新聞稿工作坊，讓青年署署長、副署長與各科科長、科員一起練習解決痛點問題的敘事寫作（屬於第二象限模式）。大家在閱讀這篇新聞稿個案時可以練習改寫，並參考我修改後的內容來做比較。

1.0版

乘風飛揚，擁夢青春：為逆風少年打造尋夢的翅膀

教育部青年發展署（簡稱青年署）為提升青少年生涯探索號計畫服務效能、串接跨單位資源及建構青少年支援網絡，於十月四、五日假南投國立暨南國際大學辦理「青少年生涯探索號計畫全國聯繫會議」，邀集相關部會及地方政府執行計畫相關人員，研議精進輔導工作策略與措施，並透過專題演講、講座分享等方式相互交流及傳承整合。

青年署陳雪玉署長表示，青少年國中畢業後未能順利升學，多為複合性問題，需整合教育、勞政、社政及法政資源，提供適性轉銜升學或就業。青年署自民國一〇六年起與地方政府合作，透過縣市跨局處整合協調，同時結合部會資源，提供關懷輔導及扶助措施。於一一〇年共計服務二千六百五十名青少年，一一一年截至八月底，則已關懷輔導二千五百二十五位青少年，計畫服務量能較往年有所提升。

今年青年署首次辦理青少年生涯探索號計畫績優輔導員評選，並於聯繫會議頒獎表揚屏東縣王大衛、彰化縣朱柔慈及宜蘭縣李旻融三位獲獎人。王大衛輔導員上山下海、勤跑偏鄉，從學校、村里長、社區、宮廟到教會，積極連結在地民間資源；朱柔慈輔導員以導入彰師大、青年職涯發展中心、社衛單位、社區團體等公私力量，提供

學員個別化資源連結；李旻融輔導員積極拓展友善商家，設計創意線上互動課程，沒有因為疫情停課而停學，持續提供不間斷的關心與支持。

會議第一天辦理跨部會聯繫會報，邀請勞動部、衛生福利部、法務部及教育部相關司署與會宣導協助國中畢業未升學未就業青少年的計畫及方案，並與縣市政府共同研議輔導工作策略及措施；專題講座邀請國立暨南國際大學吳書昀教授以創傷知情為介入觀點的實務工作進行演講；座談分享由深耕於青少年領域、東海大學社工系助理教授林秉賢與多位相關實務工作者，就創新輔導策略進行對話；議題討論則以世界咖啡館模式，就「進行服務對象的家庭工作」、「運用公部門資源協助服務對象」、「開發社區資源」等議題輪流分組進行。

第二天安排與會人員前往南投縣、臺中市及彰化縣相關場域，參訪財團法人良顯堂社會福利基金會陳綢兒少家園、50嵐中區總部、沐卉農場，觀摩三個縣市政府如何透過網絡組織，協助國中畢業未升學未就業青少年生涯探索，期使各縣市輔導員透過此次共學體驗的收穫，運用於自己的計畫，讓計畫推動更加順利。

教育部表示，期待透過兩天的活動，凝聚與整合青少年生涯探索號計畫夥伴們的輔導經驗，激發其服務熱情，並建置國中畢業未升學未就業青少年的支持網絡，積極協助有需要的逆風天使，為每一位青少年都打造一對尋夢的翅膀。

解析

❶ 第一段主要強調人事時地物的新聞脈絡，第二段與第三段開始進入正題。但是第

二段與第三段沒有讓人一目了然的主題，需要整合與簡化，拉出重點；更需要凸顯Purpose（目標）與Problem（阻礙），才能引發讀者關心這個主題的動機。

❷第四段與第五段是新聞稿重點。包括要凸顯做了哪些事情，嘗試解決或改善什麼問題。但文章交代太多資訊，沒有歸納核心重點，讀者反而不知道這些活動的意義是什麼，要改善或解決什麼問題。

❸第六段是結論。由於前幾段文章把重點藏在字裡行間，沒有凸顯出來，導致結論並沒有呼應這些活動的意義，就不易達到溝通宣傳的效果。

標題比較具體，讓讀者容易想像與感受文章的方向。

2.0版

扭轉人生，創造未來～為逆風少年打造輔導關懷的支援網絡

教育部青年發展署（簡稱青年署）為提升青少年生涯探索號計畫服務效能、串接跨單位資源及建構青少年支援網絡，於十月四、五日在南投國立暨南國際大學辦理「青少年生涯探索號計畫全國聯繫會議」。會議邀集相關部會及地方政府執行計畫相關人員，研議精進輔導工作策略與措施，並透過專題演講、講座分享相互交流及傳承整合。

在提升國民素質的十二年國民基本教育精神中，青少年國中畢業後未能順利升學的原因，不只是教育問題，多為複合性問題所造成。青年署署長陳雪玉表示，要解決這些複合性問題，需要整合教育、勞政、社政及法政資源，才能協助與輔導青少年適性升學或就業，建立長期的生涯發展。

青年署整合部會資源、與地方政府合作的努力已有顯著成效。自民國一〇六年起與地方政府合作，透過縣市跨局處整合協調，同時結合部會資源，提供關懷輔導及扶助措施。於一一〇年共計服務二千六百五十名青少年，一一一年截至八月底，則已關懷輔導二千五百二十五位青少年，計畫服務量能較往年有所提升。

每段第一句話是魚頭句，也是主題句，傳達每一段要講的重點。魚頭句之後的是描述與支持魚頭句的魚肉句，也就是用事實、細節或數字呈現的情節內容。

第二段的第一句話是Purpose（目標），我增加了「十二年國民教育基本精神」這句話，用來凸顯後面的Problem（阻礙），國中畢業後未升學、未就業造成的問題，不只是教育問題，更是跨越教育、勞政、社政及法政資源的複合難題。這也引出青年署的獨特角色，需要去整合跨政府部門資源的關鍵力量與Promise（決心與動機），也是本文的問題意識。

第三段之後開始說明Practice（付出）

為了延伸成果，今年為期兩天的「青少年生涯探索號計畫全國聯繫會議」，進行四個重要活動。

第一是積極整合政府資源與輔導方案。會議第一天的跨部會聯繫會報，邀請勞動部、衛生福利部、法務部及教育部相關司署與會，希望整合政府相關資源，提出協助國中畢業未升學、未就業青少年能順利升學或就業的計畫方案，並與縣市政府共同研議輔導工作策略及措施。

第二是首次辦理青少年生涯探索號計畫績優輔導員評選，激勵服務熱情。並於聯繫會議頒獎表揚屏東縣王大衛、彰化縣朱柔慈及宜蘭縣李旻融三位獲獎人。王大衛輔導員上山下海、勤跑偏鄉，從學校、村里長、社區、宮廟到教會，積極連結在地民間資源；朱柔慈輔導員以導入彰師大、青年職涯發展中心、社衛單位、社區團體等公私力量，提供學員個別化資源連結；李旻融輔導員積極拓展友善商家、設計創意線上互動課程，沒有因為疫情停課而停學，持續提供不間斷的關心與支持。

第三是進行專題講座與專家座談，透過經驗分享、互動對話與議題研討，交流傳承專業經驗。包括邀請國立暨南國際大學吳書昀教授以創傷知情為介入觀點的實務工作進行演講，座談分享由深耕青少年領域的東海大學社工系助理教授林秉賢與多位相關實務工作者，針對創新輔導策略進行對話，議題討論則以世界咖啡館模式，以「進行服務對象的家庭工作」、「運用公部門資源協助服務對象」、「開發社區資源」等議題輪流分組進行。

第四段進入文章重點，說明這次活動的獨特性與意義。我將活動分成四項來說明，每段第一句話就是闡述各項活動的核心重點。

第四是實地參訪績優組織，了解他們如何協助國中畢業未升學與未就業青少年進行生涯探索的成功經驗。第二天與會人員前往南投縣、臺中市及彰化縣等地，參訪財團法人良顯堂社會福利基金會、陳綢兒少家園、50嵐中區總部、沐卉農場，觀摩三個縣市政府如何透過網絡組織進行合作，希望讓各縣市輔導員透過此次共學體驗的收穫，運用於自己的計畫，讓計畫推動更加順利。

教育部青年署希望透過「青少年生涯探索號計畫全國聯繫會議」的四場活動，為每一位遭遇逆風的青少年打造尋夢未來的翅膀。因此，透過整合政府資源，凝聚與提升青少年生涯探索號計畫夥伴們的輔導專業，並強化國中畢業未升學、未就業青少年的支持網絡，才能積極協助他們突破困境，開創未來的職涯發展。

最後一段結論，扣回新聞稿的問題意識，要整合政府資源，協助未升學與就業的青少年突破困境，找到職涯發展之路，也說明這四場活動的意義與價值。

科技部再生資源綠能計畫摘要寫作

科技部委託台灣經濟研究院主辦科普敘事寫作工作坊，我為各大學的綠能研究團隊講授，如何自行寫出一般人能看懂的綠能計畫成果，而不是委託他人撰稿；這樣的需求屬於第三象限、也就是創意與創新的敘事寫作主題。這篇科學研究計畫摘要寫作，採用台經院提供的個案（全部數值及單位純屬虛構），我讓七十位來自各大學綠能科技團隊練習改寫，我也提供修改後的版本讓大家比較參考。

這篇報告我一開始看得很吃力，內容裡有太多不理解的專有名詞，還要上網去研究，重新爬梳脈絡，找出故事4P之後，才能重組內容，傳達文章重點。

1.0版

本土配電網絡管理系統結合GIS，提升再生能源併網效益

一、**計畫背景**

因應未來大量再生能源併入配電系統，造成電力潮流、故障轉供等問題，且國內廠商之電力監控及地理圖資技術欠缺整合，無法有效提高再生能源資訊之應用彈性。

二、**解決配電饋線故障與調度新興方案**

先進配電管理系統與地理圖資系統整合平台（技術簡介）

〇〇〇細部計畫研究團隊開發含綠能之本土化先進配電管理系統（ADMS）與地理圖資系統（GIS）整合平台，當配電饋線發生故障時，可自動進行故障區間判斷、隔離、上游復電，及提出下游轉供方案（FDIR），並藉由配電潮流程式計算饋線裕度、最高／最低電壓，及線路損失等資訊，提供饋線調度員的轉供調度決策參考依據，有效提高饋線調度運轉可靠度與管理再生能源能力，降低用戶停電時間。

三、有效管理三百條饋線五分鐘內完成饋線故障偵測、隔離與復電（技術之科學突破性）

ABC細部計畫研究團隊調和國內電力與資訊跨業合作，進行高占比再生能源之饋線調度與配電圖資應用等技術發展，且本土化先進配電管理系統（ADMS）已於一○八年四月在○○○配電調度中心上線運轉，與既有國外產品功能不相上下，透過擷取配電圖資管理系統資料，自動建構饋線單線圖與再生能源資訊，以縮短配電圖資轉檔所需時間，有效管理○○縣配電系統三百多條饋線與再生能源併網發電；統計○○○年○月至○月已有一千二百三十四次成功判斷，並於五分鐘內完成饋線故障偵測、隔離與復電，提高饋線調度運轉可靠度與管理再生能源能力。

目前該研究團隊已完成開發含再生能源的在線潮流計算功能，強化本土化配電網絡管理系統估算配電饋線上各端點電壓功能，以掌握再生能源即時發電對於饋線電壓變動的影響，並奠定未來穩定含高占比綠能的饋線電壓的重要基礎，藉以提高饋線上再生能源併網運轉比例，協助政府推動二○二五年再生能源發電量達20%的能源政策目標，未來將持續開發含再生能源的饋線分段轉供、圖資應用等相關技術。

四、國產先進配電管理系統，進軍東南亞電力市場（技術之產業應用性）

目前規劃推廣本土化先進配電管理系統至台電各區處，俾利於提升國家再生能源併網的使用與管理，開啟相關創新產業的新契機。未來將持續開發含再生能源之饋線分段轉供、在線潮流計算、圖資應用等相關技術，希望藉由本計畫之技術突破，進而提升本土產業技術與創新產業應用，作為進軍東南亞電力市場之商業契機。

解析

❶ 出現太多專有名詞，影響讀者的理解，需要更進一步傳達這些專有名詞的意義與功能，否則對讀者來說只是雜訊。例如電力潮流、故障轉供是什麼意思？電力監控及地理圖資技術欠缺整合的意思為何？這些高深的專有名詞都是一個個彼此無關的事實，沒有因果邏輯的關係，讓讀者看完還是不知道到底在說什麼，要傳達什麼重要性，我為什麼要關心這篇文章與這個計畫。

❷ 沒有問題意識，要解決什麼問題也沒有說清楚，文章因而陷入混亂，不易閱讀。

❸ 文章要強調這個平台的重要性，但是圖資技術的角色必須說明清楚，以及要如何整合，否則這個計畫看起來很容易，感覺不出重要性。

❹ 每段文字太多太長，又加上太多專有名詞，非常難以閱讀與理解。段落需要更簡單，重點就會更清楚。

2.0版

本土配電網絡管理系統結合GIS，提升再生能源併網效益

一、計畫背景與目標

在節能減碳趨勢下，再生能源的開發是共識與潮流，政府也推動二〇二五年再生能源發電量達20%的政策目標。

然而，再生能源屬於間歇性、不穩定的發電系統，併入既有配電系統，會對既有電力系統帶來衝擊與影響，造成系統不穩定，調度不易，影響用電品質。

此外，國內廠商的電力監控能力，以及地理圖資技術欠缺整合，導致無法彈性管理再生能源，造成努力開發的再生能源產生的效益有限。

要如何達到節能與創能，又能穩定供應電力，才能協助政府推動再生能源發電量達20%的目標。

計畫的問題意識與Promise（決心），也是整篇文章的故事線，希望節能又能創能，才能穩定供應電力，達到目標。

這二段是兩個Problem（阻礙）。包括再生能源是不穩定的發電系統，併入既有配電系統，會造成系統不穩定，影響用電品質。另外是電力監控能力與地理圖資技術欠缺整合，導致無法彈性管理再生能源，這些問題會造成再生能源產生的效益有限。

建立Purpose（目標）。再生能源的開發是共識，政府也推動二〇二五年再生能源發電量達20%的政策目標。

●因此，本計畫研究團隊提出一個整合平台解決方案，要整合包含綠能在內的配電管理系統（ADMS）與地理圖資系統（GIS），藉此有效管理再生能源，並讓電力系統穩定，提升用電品質。

這段就是Practice（付出），以整合平台解決方案，有效管理再生能源，並讓電力系統穩定，提升用電品質。

二、計畫特色與優勢

本計畫提出這套配電管理系統與地理圖資系統整合平台，提供配電線路故障調度與解決方案，讓配電線路（饋線）調度員決策有參考依據，有效管理電力系統。

這個平台優勢在於，當配電饋線發生故障時，可以自動進行故障區間判斷、隔離、上游復電，以及提出下游轉供方案（FDIR）。並藉由配電潮流程式計算饋線裕度、最高／最低電壓，及線路損失等資訊，提供饋線調度員的轉供調度決策參考依據。有清楚的數據，才能提高饋線調度運轉的可靠度，以及管理再生能源的能力，降低用戶停電時間。

平台計畫具體目標在於能夠有效管理三百條饋線，要在五分鐘內完成饋線故障偵測、隔離與復電。

三、計畫說明與結論

因此，計畫研究團隊調和國內電力與資訊跨業合作，進行高占比再生能源之饋線調度與配電圖資應用等技術發展。透過擷取配電圖資管理系統資料，自動建構饋線單線圖與再生能源資訊，才能縮短配電圖資轉檔所需時間。

本土化先進配電管理理系統（ADMS）已在一〇八年年四月在〇〇〇配電調度中心上線運轉，有效管理理〇〇縣配電系統三百多條饋線與再生能源併網發電。根據統計，在五個月內已完成一千二百三十四次成功判斷，並能在五分鐘內完成饋線故障偵測、隔離與復電，提高饋線調度運轉可靠度與管理再生能源能力。

目前研究團隊已完成開發含再生能源的在線潮流計算功能，強化本土化配電網絡管理系統，能估算配電饋線上各端點電壓功能，並掌握再生能源即時發電之後，對於饋線電壓變動的影響。

藉以提高饋線上再生能源併網運轉比例，協助政府推動二〇二五年再生能源發電量達20％的政策目標，更能提升本土產業技術與創新產業應用，更能帶動進軍東南亞電力市場的商業契機。

解析

❶ 第一部分計畫背景，前三段的寫法調整了原本彼此無關、邏輯不清的內容，凸顯問題意識，讓讀者關心這個計畫，想了解怎麼解決問題。

❷ 第一部分計畫背景採取４Ｐ的敘事方式，讓讀者不會被太多專有名詞干擾，了解這個計畫的重要性。

❸ 接下來的內容出現很多專有名詞，但因為第一部分已讓讀者大致理解，對這個計畫有了預期，也能了解解決方案。

❹ 第三部分的結論，再次總結目標與未來發展，強調這個計畫的重要性，爭取讀者

認同。

以上引述的兩篇內容，希望可以提醒公部門或私人企業，新聞稿或內部報告要運用敘事方式來傳達。

課後練習

請你設定一個寫作主題，不論是新聞稿還是企劃提案，或是重新改寫你之前的文稿，可以參考表9-1：敘事寫作主題四象限，讀者設定是針對企業組織內部，還是外部的顧客？目的要解決問題，還是創新提案？確定象限之後，再運用故事4P的元素來練習你的敘事寫作。

另外，也可以參考《精準寫作》第六課的魚骨寫作法。練習讓每一段第一句話呈現段落重點，意即練習寫好每段的魚頭句，讓文章有故事線，更能傳達精簡清晰的重點，幫助讀者理解。

第十章　故事商學院：

企業如何對內溝通，建立組織文化

我經常培訓企業說故事，儘管駕輕就熟，有一次到一家外商廣告行銷集團上課，面對跨部門的廣告文案、創意、行銷與趨勢研究員，要教他們說故事，我有著空前的備課壓力。印象中，廣告人都是才氣縱橫、能言善道、很會說故事的人，我該如何找到他們的問題與需求，有效協助他們提升敘事力？

透過現場的實作練習，我發現他們一樣遇到敘事力不足的問題。當大家說起個人故事眉飛色舞，但是運用故事4P與九宮格來敘述工作上的挑戰時，多數人不是找不到故事，就是有了故事線頭，但許多細節不清楚，導致故事內容很薄弱。

我當時非常訝異。先前我在高科技公司、傳統產業或服務業的故事工作坊，透過引導，多數學員都能講出有情節轉折的故事。在4P與九宮格架構的幫助之下，只要有Purpose目標遇到Problem阻礙，就會激發自己Promise的反思與動機，繼而產生不同的Practice，去迎接挑戰、突破困難。

這群外商廣告創意菁英遇到的問題，不是沒有說故事能力，而是無故事可說。他們工作上遭遇的挑戰、解決問題的過程中，多半都是應付客戶、長官的要求，然而公司的品牌知名度很高，只要依照既定模式做事，不用想太多。這反而讓工作者缺乏反思與累積（代表Promise不足），經驗變得零散破碎，也使得他們缺乏素材、無故事可說。

課後我與人資主管交流討論，她也認為多數同仁只是按部就班，很少深入思考工作背後的意義（why），這也是她邀請我開故事力課程的原因。「我們獲得經驗，卻錯失意義。」美國詩人艾略特（T.S. Elliot）曾說。

企業的本質是溝通

這家廣告公司遇到的挑戰，具體而微呈現多數企業的溝通問題。工作者不論是內部溝通，還是向客戶提案，都不容易將專業或經驗轉換成可被理解與感受的故事。

有日本經營之神之稱、松下電器創辦人松下幸之助曾說：「企業管理過去是溝通，現在是溝通，未來還是溝通。」這句話說明企業的本質是「溝通」，我也深受啟發。不論是企業本身的願景、使命、策略、研發、執行、產品、行銷、銷售到品牌，還有外部的上下游合作夥伴、供應商，一直到最後的顧客，從抽象價值、工作方式到具體產品，每個環節都需要溝通，才能將想法落實，進而滿足每個環節的需求。

所以企業溝通的重點，不只是口才，而是將每個環節、每個部門與每個職務角色解決問題的經驗，加以反思、整理，轉換成可以述說容易理解的內容，才是企業溝通的核心能力。

管理學大師克雷頓．克里斯汀生（Clayton M. Christensen），在《創新者的修練》提出了RPV理論，也就是資源、流程與價值（resource, process and value）。他認為，這三個元素是建構公司能力的基石，一家公司所擁有的資源、運作的流程與價值主張相結合，就決定了這家公司的能力、長處、弱點與盲點。

克里斯汀生解釋，資源是組織可以購買、出售的各種有形或無形資源（例如智慧財產權、員工、機器設備、人脈），流程是一種將資源轉化成產品或服務的作業方法（例如研發、研究、行銷、軟體設計、物流、策略規劃、生產製造），價值主張則是公司決定優先順序的標準與原則，甚至是員工做事、做決策依循的指導方針。

決定一家公司能力好壞的關鍵，不是資源，而是流程能力與價值主張的結合。「員工碰到問題時，不只是解決就好了，還必須從解決的過程了解什麼是重要的。換言之，他們是否了解公司的優先順序，是否知道如何執行，這就牽涉到流程的能力。每一個組織的文化都是流程與優先順序的組合。」克里斯汀生在《你要如何衡量你的人生？》強調企業內部溝通如何落實的重要性。

克里斯汀生談的企業文化，必須落實在每日的工作流程之中。我認為最能呈現企業文化的方式，就是企業的敘事溝通。意即各部門、各層級都能夠說出不論成功或失敗、具有故事線的解決問題過程，藉此強化領導力、增能學習與跨部門溝通，才能打造清晰有力的企業文化，而非空泛的口號。

企業敘事溝通遭遇的難題

企業與其花很多力量對外行銷，創造品牌故事，我認為應該先安內而非攘外。也就是，先做好企業的內部溝通，創造穩定運作的流程能力，才能建立一以貫之的企業文化。否則很容易發生員工流動率居高不下，許多經驗不斷得重來，無法累積傳承，員工也沒有太強的向心力，思考力與解決問題的能力也就相對不足。

然而，我在企業帶領敘事力培訓時，發現工作者經常出現兩個問題。第一個是敘事內容不夠深入，故事停留在表象層次，導致內容不完整扎實，更缺乏學習反思的效果。

我舉出一家金控集團的敘事個案為例。有次，某個金控集團的主管緊急找我，希望教部門主管採訪與撰寫個案的能力（一般稱為「故事萃取」）；先前他們邀請過一位企業培訓名師來上一整天的課，但是課後實際採訪他人時，學員都無法應用，寫出來的內容只流於表象述說，沒有更深入。

上一位企業培訓老師教學時使用了「ＳＴＡＲ」說故事，這個方法主要是描述情境（Situation）、建立任務（Task）、行動方案（Action）與結果（Result）。對我來說，這四個重點不如故事４Ｐ來得深入；當故事缺乏了衝突元素，就是沒有Purpose與Problem，連帶也就沒有Promise決心。

也就是，運用ＳＴＡＲ後，大家只是把事情說完，但是彼此的邏輯關係、內心想法不清楚，最後的行動方案也會比較薄弱。同仁還是不了解核心問題，到底當事人是如何思考與判斷，才能找到解決方案？

透過故事萃取產生企業內部學習的個案故事，不只能接企業本身的地氣，也值得持續推廣。但是，企業要產生好的個案故事，需要很扎實的提問力、詮釋引導與整理的能力，還有敘事與寫作能力。

透過這種綜合能力，才能把故事挖掘很深，還要詢問更多人、更多單位，才能讓故事面向更完整，更值得參考學習。這需要長時間的練習與應用，才能有成效。

企業溝通要往這個方向走，不能只仰賴外部寫手，要培養內部主管蒐集故事個案的能力，才能建立教學力與領導能力，做好內部敘事溝通。

我觀察工作者在敘事上常有的第二種問題，是過度強調口才表達，把故事講得浮誇、刻意刺激聽者情緒，反而沒有提供聽者思考的空間。比方，故事中刻意誇大痛苦、失敗，再用反敗為勝的結果來拉抬聽者情緒。這種敘事方式彷彿加了過多味精，想刻意展現個人魅力，卻有邏輯跳躍過快，迴避因果關係的問題。我認為這樣反而會窄化同仁的思維，流於表面熱鬧，而失去學習效果。

我的敘事力培訓方式有兩種。第一種是大家將課堂上述說的故事運用九宮格重新整理，第二種是學員課後去採訪同部門、或是不同部門的同事，第二次課堂上要練習轉述採訪他人的故事，我再即時給予回饋，或是建議再去補訪缺漏之處。

企業敘事四模式

工作者要熟悉敘事方法，企業內部也要能夠將收集到的故事主題分類，讓故事應用不要偏重單一主題，而能開拓更多主題。透過企業敘事分類的模式，我們就能了解這是說什麼部門的故事，或是這是要解決什麼問題類型的故事模式，讓內部交流學習有所依循。

根據企業敘事主題的目的與部門類型，我劃分成四個象限（見表10-1），類似先前的表4-1故事模式四象限，但有些微調。第一象限是領導模式，主要是部門主管如何透過領導來解決問題、回到穩定狀態的過程。第二象限是合作與服務模式，這是屬於後勤部門與其他部門分工合作的支援模式，或是客服部門解決顧客問題的過程。第三象限是創新模式，比較屬於研發部門開發產品，或是設計部門設計新產品、行銷部門提出創意包裝與溝通行銷的新方案。第四象限是業務部門如何開發客戶的模式，也是具有開創冒險的方式。

根據企業敘事主題四種模式的思考，我舉出以下四個培訓案例，當作企業敘事溝通的參考：

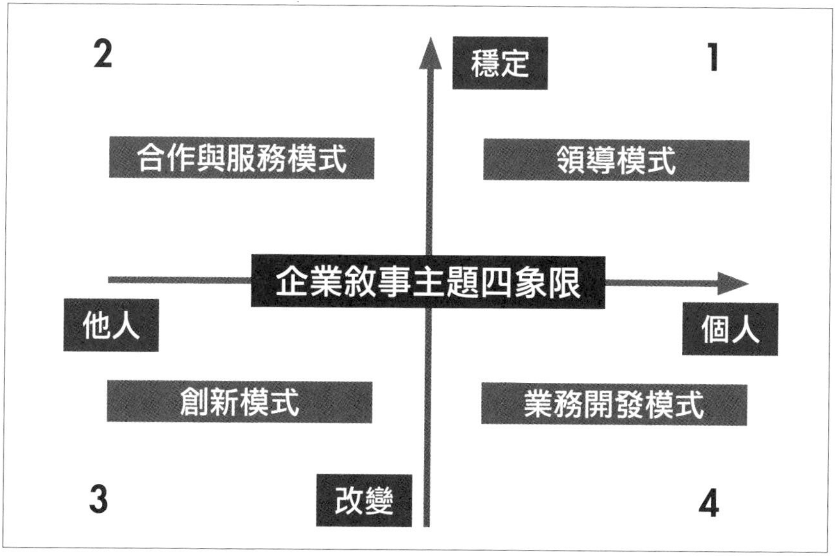

表10-1　企業敘事主題四象限

一、領導模式

這是我在春水堂總部培訓店長說故事的方式。店長課後要去訪問另個店長，培養主管蒐集故事、建立多角度觀點的敘事能力。以下這個故事是某位店長訪問另一位店長小華得到的故事；主管可以運用這類解決問題的經驗，或是蒐集部門內其他同仁解決問題的經驗，轉換成領導模式的故事，藉此激勵同仁，讓大家能深刻了解公司的價值觀，主管也能因此建立領導力與團隊向心力。請大家參考故事九宮格圖表中的編號來對照閱讀。

第一幕 任務	第二幕 挑戰	第三幕 更難的挑戰
① Purpose	④ Problem 1	⑦ Problem 2
② Promise	⑤ Promise	⑧ Promise
③ Practice	⑥ Practice	⑨ Practice

⑩意義：學到什麼？

兩顆熊膽的啟示：主管慷慨，員工更忠誠

❶ 二十多年前，小華剛到春水堂四維店服務，還是個資歷未滿一年的菜鳥員工。她的主要工作是接待、泡茶與整理桌面。那時，大家酒足飯飽之後就會到茶館喝茶聊天，有時也會出現帶有江湖味的大哥、小弟們來泡茶聊天。

❷ 有一天某位叫「小平」的大哥一如往常來喝茶，離開時忘了拿走一個塑膠袋，裡面是報紙包著一袋東西。小華如往常整理桌面，當她看到這個像一包裝垃圾的塑膠袋，沒有多想就當垃圾丟掉了。

❸ 隔天電話響了。小平在電話那頭跟小華說：「我昨天忘了帶走的東西，你有幫我收起來吧？」小華當下也頗意外，「東西？沒有東西啊，昨天桌上沒留任何東西。」

❹ 小平請她仔細想想，小華回答真的沒有東西，並說明昨天收拾桌面、洗了茶具，有看到一個裝有報紙的塑膠袋，認為是垃圾就丟了。小平大怒，「你知道那袋是什麼嗎？那是兩顆『熊膽』，你知道那個價值嗎？給你一個星期的時間，看公司要怎麼處理！」

❺ 對一個工作未滿一年的小菜鳥而言，小華非常擔心。這件事讓她吃不好也睡不好，她又不知道是真熊膽還是假熊膽？到底賠多少錢？她根本不知所措。

❻她跟自己的主管、還有店長報告這件事，要怎麼處理？她需要賠償嗎？

❼因為一個星期的時間快到了，大家不知道該如何面對與處理這個燙手山芋。

❽店長跟總經理報告事情發生的經過，想知道該怎麼處理「熊膽事件」。

❾總經理聽完熊膽的故事，二話不說，也不去查問熊膽真假，或是熊膽的價錢，就拿出兩萬元與他個人珍藏的一把茶壺，請店長拿去親自跟小平哥賠罪。事後也沒對小華有任何責備，只是要她安心工作，不要自責。

❿經過此事，她對總經理的氣度與作風非常感激，也讓她深深感受老闆對員工的慷慨。主管對待下屬慷慨，換來的是員工無怨無悔的付出，也給自己日後當店長的模範，要對員工大方，往往一些不經意的付出，反而會讓員工覺得溫暖。

二、合作與服務模式

第二個故事是我在一家經營食材的知名生技公司培訓跨部門整合的故事力。這個故事是一位負責後勤工務同仁的危機處理，很有深意。這樣的故事模式會發生在不同組織，需要工作者挖掘整理，並把相關細節，包括每一幕的Promise與Practice釐清，才有更深入的參考與學習價值。請大家參考故事九宮格圖表中的編號來對照閱讀。

挺身而出，攜手解決危機

❶ 我是負責水電等硬體設備有關的工務，平常都是由我一個人管理與協助部門聯繫廠商。由於有些電器設備會立即影響門市的營運狀況，因此我常常得隨時待命，才能立即處理。如果是平日時間，遇到任何問題，我還可以盡快找人處理。某個週末，公司旗下的餐廳發生製冰機的皮帶斷裂，造成無法製作冰塊，會影響食材的料理與保鮮問題。

❷ 由於假日，製造商沒上班、也沒人值班，無法在第一時間請他們協助處理。為了解決這個問題，我得找其他人協助。

❸ 我開始上網查詢有相同製冰規格皮帶的廠商電話，希望可以請他們幫忙提供更換的皮帶。

❹ 但我找遍了網路資訊，也打了無數通電話，就是找不到相同規格的皮帶。

❺ 我當時心想，如果沒有可以替換的皮帶，就用冰塊來代替，也是一個應變方法。

❻ 我建議餐廳去便利商店購買冰塊，或者到外頭冰塊商購買送至現場來應變。

❼ 但我注意到餐廳要用的冰塊是為了鋪在生魚片底部，要達到保冷效果，我擔心外面購買的冰塊水質會不符合衛生標準。最後我還是打消這個念頭，但是還有誰可

以幫忙呢？

❽就在苦惱之時，土城倉管經由LINE群組得知此消息，便立刻挺身而出。因為土城有較大型的設備，可生產足夠的冰塊，而且各方面的衛生問題皆可自行把關。

❾我們趕快請土城製造兩大箱的冰塊，並存放在保冰箱，趕緊送到餐廳，終於度過那天的危機。

❿從這件事情我深深感覺到，不單只是同部門之間的夥伴，而是整間公司的所有同仁，每個角色都是一個重要零件，所有部門都需要互助互信，才可以讓公司這個大機器運轉得更加順利。

三、創新模式

第三個故事也是來自這家生技公司。這是產品開發部門同仁現場說的故事，當時說完這個故事時，零售端的店長非常驚訝與感動，因為以前只知道產品資訊，像品項、成分、產地，能夠跟客人溝通的訊息很有限，現場聽到這個產品背後的故事，下課後馬上回店裡跟同仁轉述，希望大家能積極對客人溝通、傳遞這個產品的價值。

隱居山中的特有種土雞

❶去年副總說有一種土雞很好吃，品種為「××土雞」，我不認識這個品種，但副總說種源在一位大學教授手裡，要我去找他溝通，買小雞來自己養。

❷當時我有點遲疑，因為我們要怎麼養雞？我先打電話給教授，他表示種雞不會外放，每次最多只能提供三百隻，而且供貨時間不一定。

我當時心想有誰願意幫我養這三百隻雞？而且我連這隻雞的特性、大小及育成週數都完全不了解。

❸我還是試探性的打電話詢問合作的養雞場。對方說因為數量太少，而且完全不了解這個品種的雞，不願意冒險承接，就婉拒我的提議。我心想，這是隻市場少見的品種，既然這麼困難，我還是放棄吧。

❹有一天一個在山裡的部落農場打電話給我，我們閒聊起來。我開玩笑的說：「要不要幫我養小雞，因為量不多，就放在山裡讓牠跑。」對方居然回答：「好，可以試試。」

但是他要求我去談小雞採購，我有點愣住，因為要養幾隻？萬一真的養好了，哪些通路可以販售？

❺我找經理討論，經理建議公司經營的餐廳可以採購，或是透過預購方式來銷售。

我說如果擔心風險太高，建議先養一百隻試試看就好，經理同意我的提議。

❻我找部落農場談養雞的事情，敲定先養一百隻。

❼為了養這些小雞，我需要多次去部落了解狀況。從小雞到成雞屠宰的階段，我總共去部落三次，其中一次坐野狼一二五上山，摩托車沿著蜿蜒的山路噗噗噗前進，忽然一個轉彎，只聽到刷一聲，我人頓時傾斜，一腳撐在地上，另一腳懸在野狼一二五的椅背上。我往左一看、嚇出一身冷汗，竟然就是深不見底的山谷。

❽長老大哥費力的將機車扶起來。我不好意思的問：「是我太重了嗎？」他笑著說不是，這條山路只要颱風過後，就會變成這樣。

我很佩服布農族同胞每天要搏命上山。因為這條布滿碎石板的小路，只要一不小心就會滑下山谷。但在群山環繞中成長的土雞，卻生活得悠然自得，步調緩慢，連我拍照都不理我。

❾這次的育成率本來有98%，但後來有人帶狗上山，竟咬死不少雞，最終倖存六十六隻，我內心充滿遺憾。雖然賣給消費者的數量很有限，沒想到消費者的讚賞給我最大的鼓勵，因為客服打電話告訴我，客人願意等明年有貨時再通知他。這給我再度挑戰的動力，今年還要再養一批土雞，也給自己加油打氣。

❿開發新產品過程很艱辛，以前只會提供資訊給零售部門，不知道原來要講開發過

程的故事。這個令我難忘的故事也激勵我要持續努力，開發好產品給消費者，顧客也會給我們正面的回饋。

四、業務開發模式

第四個故事來自一家食品餡料加工設備的公司，他們的設備幾乎都以出口為主。我在這家公司授課時，總經理與全體各部門中高階主管都全程參與，他們希望培養顧問式銷售能力，也就是業務要有了解客戶需求、解決客戶問題的能力，才能擴大業務範圍，因此透過說故事能力來分享、累積大家的故事，可以把各種解決問題的經驗，分享給不同客戶，見證他們的設備實力。

這是一位業務主管課堂上分享的故事。他在課後寫下更完整的故事，我再進行潤飾微調，讓故事更簡潔流暢。

國外參展遭遇戰火

❶我是一個業務人員，平常除了接洽客戶，還需要到國外開拓市場，參加國外的展覽、安裝機器、拜訪客戶。有一次跟著台灣團到巴基斯坦舉辦一個四天的展覽會，負責到當地開拓市場與代理商。

❷出發前，看到電視新聞說：「流亡的反對黨領袖要回巴基斯坦參選總統，所以局勢可能有些緊張。」當時我並沒有太在意，因為我常出國辦展覽，已經習以為常了。

❸到了巴基斯坦，展覽的頭三天非常順利，來攤位參觀的客戶很多，明天是最後一天了，應該會有一個完美的結束吧。

❹隔天早上吃完豐盛的早餐，到大廳集合準備搭車到展覽會場時，發現很多團員擠在大廳跟飯店人員爭論。一問才知道，原來昨晚反對黨的領袖回到巴基斯坦。由於他回來引發支持者的集結，現在外面到處都是支持者與軍隊和維安人員。飯店擔心會有危險，決定不讓旅客出門，不管怎麼跟飯店人員交涉，他們就是不同意讓旅館內的客人出門。

❺我們在緊張的氛圍下度過一整天。我一直擔心，機器放在會場內不知道安不安全？明天原本就是要去會場把機器裝箱運回臺灣，但是明天飯店人員願意讓我們出去嗎？就算能出去，要怎麼去會場？因此，我們明天的任務有兩個，首先是一定要想辦法到展覽會場，接著再把機器打包裝進木箱。

❻我開始聯絡負責的運輸公司，對方表示明天不會有人到會場，但是已經提前把木箱放在我們的攤位上，只要我們明天能把機器放在木箱內，就能夠協助我們完成

後續的運輸工作。

❼隔天飯店人員依然不讓我們出門。經過協調，飯店要我們簽一份切結書，才願意讓我們出門。因為太危險了，沒有車子送我們去會場，我走出大門看見一位留著小鬍子的司機，向他說明我們的目的，經過溝通，他願意用兩百美元載我們去會場。

從飯店到會場的車程僅有短短的十五分鐘。路上車子很少，時不時就會看到拿著槍的軍人與停在路旁的裝甲車，情勢滿緊張的。

❽當我們進入展覽會場時，會場內亂七八糟，滿地都是垃圾。糟了，我的機器怎麼了？我急忙跑到攤位前，看到幾個木箱，機器因為太重，沒被搬走。但只靠我跟同事兩人，也沒辦法把機器搬上木箱。這件事情一定要解決，否則無法完成任務。

❾我趕快去找小鬍子司機幫忙。他說可以幫忙找人，沒多久他帶了一個人回來，兩人看了機器後開始討論，說有人可以幫忙把機器搬上木箱，但是要付一百美元。我們馬上成交。沒想到他竟然帶了七、八個人過來，一下子就幫我把機器都抬上了木箱。回飯店的路上，看著路旁的軍人跟裝甲車，氣氛依舊緊張，我心裡多了份踏實感，完成任務的感覺真好。

回到台灣幾天後，偶然在電視上看到一則國際新聞，有人抱著炸彈衝向巴基斯坦的反對黨領袖並引爆炸彈，造成多人傷亡，反對黨領袖也在這次的自殺攻擊中不幸喪生。

❿ 這次的經歷，讓我學到要去任何國家執行任務前，先了解當地現在發生了什麼事，評估可能會遭遇什麼狀況。另外，一旦遇到意外，先盤點問題是什麼，再規劃處理的步驟與順序。還要多利用身旁可以運用的資源，最後是身上要多帶點現金，才能隨機應變。

企業文化看似抽象，卻是讓企業持續運作的核心能力。透過敘事溝通的方式，工作者能把日常運作具體落實為故事線，透過故事4P，讓企業文化不再只是空洞的口號，而是一個個具體有感的故事，部門之間、員工之間、主管與部屬之間能夠建立共識、使命與方法，最後才能有效地對外溝通，產生影響力。

課後練習

請思考如何將你們公司對內與對外訴求的文化、使命或是主張，寫成具體的故事線。例如，你可以寫下這兩年的疫情之中，公司如何克服外在挑戰，開發新服務、新產品的故事。

請你先從企業敘事溝通四象限的角度來思考，選擇其中一個模式，再從你個人的業務或專案來思考。構思故事線之後，再嘗試運用故事九宮格，寫下你的故事。

第十一章　敘事教學力：

將故事融入教學，增進師生互動對話

我曾受邀為某個基金會的線上課程擔任講師。這個課程開設的對象是十二組要去偏鄉拍攝影片的大學生;他們以兩人為一組,將利用暑假兩週的時間,在自己蹲點的社區內做觀察、訪談,最後以影片呈現當地特色,並針對社區遇到的難題提出初步的解決方案。

我負責的是三小時的採訪提問課,希望協助這些大學生在社區訪談時,能深入了解地方特色,透過好問題,才能問出、寫出或拍攝出好故事,更能找到需要協助改善的問題。

在我的採訪提問課之前,基金會安排了一位知名的傳播學教授主講「數位敘事」,幫助學生運用數位媒體呈現地方故事。我對這個題目有興趣,也準時上線旁聽。我發現這位老師在兩小時的課程中,舉出十多個國內外媒體在網站上的新聞內容,包括《紐約時報》、台灣的《報導者》、《上下游》等,還提出了前美國副總統高爾拍攝,探討氣候變遷的《不願面對的真相》影片。

然而,這堂線上課我聆聽與閱讀簡報的過程頗吃力。這位老師講述的內容很多,一直出現大量的投影片與影片,但是當我想針對某些新聞網站的內容多了解一點,下個案例又出現了。我的注意力與思考力逐漸跟不上講授速度,也無法消化上課內容。

此外,我有很多疑問沒有在課程中得到答案,包括:什麼是「數位敘事」?數位敘事跟一般敘事有什麼差異?甚至這位老師怎麼定義「敘事」?

課程最後十分鐘,老師問大家有沒有問題?只見線上一陣沉默,終於有位同學開麥克風發問,「請問老師,你介紹這麼多媒體網站內容,可是……我們去社區要怎麼應用?」老師愣了一下,「要怎麼應用喔?我剛剛都有說啊,那我再講一次。」老師又介紹了幾個媒體網站，再問大家還有沒有問題？這次就沒人發問了，陷入更長的沉默。

我感受到這位老師努力準備、分享很多內容，教學效果卻是很有限。因為這群第一次到地方蹲點、不太了解偏鄉農村狀況的學生，他們的需求可能不是大量的數位媒體資訊，而是具體的方法與步驟，讓他們知道如何將蒐集到的地方訊息、特色，整理、組織成一則則故事，再運用數位工具呈現出來。

短短兩小時的線上課，要能有效滿足學生需求，提高他們數位敘事的能力，說真的，實在很難。因為光是「敘事」就是一個大課題，加上「數位」二字，更是不易講授。

教與學的嚴重落差

這堂數位敘事的線上課，呈現了「教」與「學」的嚴重落差。我們想把很多知識、觀念與想法帶給學生，光是這十二組主動報名、具有高度學習動機的學生都已經應接不暇了，更何況是大多數坐在教室、沒有學習動機的學生。這種單向講述提供大量事實資料，缺乏有效互動，更沒有從學生實際需求出發的教學方式，卻是目前從國小到大學，甚至也是成人教育、公務員訓練與部分企業培訓的普遍狀況。

我把這種教學方式稱為專家導向的推力思維。我在《精準提問》第十五章的〈教學現場的提問教學力〉提到，教育的意義不在灌輸知識，而是幫助學生如何思考，然而教學推力的問題是，專家容易忽略他與學生之間的知識落差，或是過於重視自我表現，不斷講述專業知識，藉此證明自己的專業能力。

推力教學花很多力氣提供資訊內容，但阻力很大，很難進入學生心中。這種情況就像第八章談到，沒有賦予意義的事實，對聽者、學生而言，都只是雜訊。

我們常以為老師講完內容，學生就能吸收，把知識完全複製與儲存。我們忽略了，需要思考的學習，對大腦就常常是不舒服的事情。我們天生排斥需要費力動腦的思考，包括解決問題、推理、閱讀複雜的文章等心智活動。認知心理學家丹尼爾・威靈漢（Daniel T. Willingham）在《學生為什麼不喜歡上學？》指出，大腦不是用來思考的，大腦被設計用來避免思考，因為靠視覺、記憶與直覺來行事，比需要專注、花時間的思考來得快速有效。

教學要像推理劇引發好奇

然而，基於我們天生的好奇心，如果思考與解決問題的過程愉悅有趣，我們就會跨出舒適圈。不過好奇心是有條件的，就像我們前面談到的「最適新鮮感」，需要連結新奇與熟悉之間的甜蜜點。問題太難會帶來無法完成的挫折感，問題太簡單則會覺得無趣，因此，問題得難易適中，不能重複，又得循序漸進。

有效的學習需要靠教學技巧來引導。《大腦如何精準學習》強調，有效的學習有四根重要支柱：**注意力**、**主動參與**、**錯誤回饋**和**固化**。這個意思是要先提高學生的注意力，引發興趣；接著，讓他們願意主動參與學習過程，而非被動聆聽；再來是透過嘗試與錯誤的練習過程，教師適時給予回饋與建議，知道如何改善與進步。最後，他們才能夠有效記住學到的知識。

這一章我要談的，就是將敘事力融入教學技巧之中，達到有效學習。《學生為什麼不喜歡上學？》強調，學習內容牽涉到**引發關注的問題**，這個問題首先必須是有趣的、能與學生相關；其次要有**足夠的背景脈絡知識**，要能讓學生快速理解；最後是把問題轉為像推理劇一般的**故事情節**，具有引人入勝的問題，才能讓學生容易投入，且能幫助學習，增加記憶。

因此，相對於專家導向的推力思維，我們需要站在學生需求導向的拉力思維。這是一種反推的逆向工程，正是某種敘事思維：教學者要站在學生的立場，揣摩學習的問題與感受，思考如何引發學習需求、帶動情緒，再回推課程內容要如何有效傳遞。「若能激發孩子的好奇心，你就成功了一半，一旦他們的注意力開始移動去尋找可能的解釋，你只要引導他們就好。」《大腦如何精準學習》指出。

將課程內容敘事化，有料又吸引人

我觀察，台灣目前各種教學現場面臨了兩種挑戰，都與敘事力不足有關。

第一個是「教」的挑戰。這主要是課程內容過於強調抽象知識與資訊，讓學生無法理解、更難以吸收。我出版《精準提問》之後，經常受邀為各個學科老師開設「提問教學力」，不論是公民、歷史、國文、地球科學，各科教師都反映課本內容太抽象複雜，學生難以理解，不知道該如何幫助學生吸收。

《學生為什麼不喜歡上學？》強調，大腦不喜歡抽象思維，偏好具體事實，尤其是理解新觀念時。當學生遇到不熟悉的新事物，需要透過大量實例，或運用類比，幫助他們將新事物新知識與舊經驗、熟悉的概念連結，學生才能有效理解。

第五章我們談到流水帳的問題，是因為說故事時缺乏大腦習慣感受的「主情節」。主情節的特色，是有時間順序，事件之間有清楚的因果關係，也有明確的故事結局，因此，要幫助學生有效學習，關鍵是老師能夠把課程教案做「敘事加工」，將知識、專有名詞、抽象概念，編排組織成有因果關係、前後連貫、有時序變化的情節，或是用更多例子、可被理解的經驗來轉換；透過逐步引導的敘事手法，學生才能把課程內容整合串聯成有印象的內容，幫助理解與消化吸收。

一般以為，好老師就是幽默風趣、有個人魅力，但那只能激發學生短暫的注意力。《學生為什麼不喜歡上學？》強調，好老師有兩個特質，第一是能夠條理清晰地組織教案的概念，讓學生能夠理解並記住。第二就是說故事，透過情節安排，幫助學生有效記憶，並了解背後的意義。

然而，多數教師不熟悉如何轉換課程內容，「即使有老師很認真的備課，會去找一些新奇、當下流行的題材來當課程開頭，藉此吸引孩子目光，但跟課程無關，我的解讀是老師們對於課程教學的整體敘事是混亂的。」國小老師邱士芬觀察。

因為自己敘事能力的底氣不足，許多基層教師著迷各種看似熱鬧的教學技巧、團康或桌遊，但這麼做往往只能提供一時的刺激，學生的專注力很難延續。「我漸漸發現吸睛是一回事，有時過多會流於『綜藝化』，尤其我的學生是國中生，當熱鬧的活動結束後，學生不見得能抓到重點。」身為國中國文老師的劉世盈指出核心。

「一學期要教的課文有十幾課，光要運用不同敘事方式配合不同文本，又要讓學生維持學習動機，並在課堂中學到東西（應付考試、基本語文素養）真的是一大挑戰。」劉世盈說出老師的心聲，「這也是很多老師最後採用照本宣科的方式上課，因為最省時省力，至少可以應付基本考試需求。」

如果只是照本宣科，學生自己看課本、或是觀看課程影片即可。老師真正的價值是現場教學的能力，包括如何透過互動引導，提升學生學習興趣、思考與表達，讓他們有效吸收與應用知識。

因此，我建議老師學會用說故事的方式來組織教案內容；包括找出課程內容的故事4P元素，挑出引發好奇的故事衝突點、也就是故事問題，進一步安排敘事結構的順序，讓枯燥內容變成讓人有感的故事情節。接著再運用提問與討論、說故事等教學技巧，來引導學生有效學習。

培養學生敘事能力、有效應用知識

上一段提到「教」的挑戰，需要強化的是教師本身的敘事力。第二個教學現場的挑戰，則在於「學」，也就是學生沒有好好培養敘事表達的能力。

我在提問教學工作坊或是寫作課會遇到一些基層教師，他們反映，學生在口語表達上經常出現幾種問題。第一是回答老師的提問時，學生多半都是一兩句話、一個字詞來回答（有位老師稱為「填空式」回答），少見能以完整的句子清楚陳述。第二是學生的思考與表達沒有在腦袋裡先組織過，想到什麼就說什麼，只是一些片段的訊息，缺少深入的細節，也沒有脈絡。第三是要培訓學生發表演說時，他們總是太快就想說道理，故事內容也很單薄，故事與道理之間的連結太生硬。

「也許是學生在學校裡表達的機會不多，或是思辨訓練有限，要他們說出自己的感受和觀點往往有困難，這也直接影響他們的書寫與口語表達。」一位老師分析。

真正的教育不是灌輸知識，而是產出。意即老師不是一味塞進內容，更要透過提問、引導與實作練習，鼓勵學生從大腦中提取知識，轉化為口語表達、文章、簡報、影片等具體形式，才能確認學生的學習狀況。「教學的重點是我們把哪些部分從學生的腦袋提取出來，而非試著放進哪些部分。」《大腦喜歡這樣學，強效教學版》強調。

現在每個人都能隨時查詢網路資訊，記憶背誦已不是學習的重點，老師必須培養學生尋找、分析、整合資訊的能力。「我們必須停止專注於學生是否擁有知識，而要幫助他們開始『擁有處理知識的能力』。」《成長性思維學習指南》指出。

大家或許會問，「擁有處理知識的能力」要如何呈現？《成長性思維學習指南》列出擁有知識與擁有處理知識能力的差異：例如，要學生背誦美國各州的首府，改成製作一支描述一個首府的紀錄片；或者請學生把某種動物瀕臨絕種的三個原因，設計成一份保護瀕臨絕種動物的計畫書。總之，學生要透過思考統整訊息，表達出讓他人理解、有感的內容，這正是敘事能力的展現。

然而，我們的教師敘事力底氣不足，學生敘事表達的機會也不高，這兩個問題密切相關。我認為，敘事能力應該成為教學內容的核心。不論是老師自身的教學、編排製作教案內容，以及老師引導學生建立處理知識的能力，對學生提供好的回饋建議，都需要運用敘事力進行雙向溝通。

教室就是師生共創的敘事舞台

整體而言，教學本身就是老師與學生共同創造的一場敘事過程。教室就像一個舞台，老師既是導演、又是編劇、更是演員，學生絕對不是被動觀影的觀眾，而是主角。老師根據教案內容的劇本，來指導、引導與激發學生的想法與表達，讓他們成為出色的主角。

因此，不論是一學期的課程，還是一堂課，都要有故事線，都需要劇本，就像原著劇本與改編劇本一樣，老師要因應現場經驗、教學目標與學生狀況來改編教案劇本，而不是照本宣科。

教案要怎麼變成劇本呢？從故事線來說，每門課程都是故事4P的組合。包括課程學習的Purpose目標，以及出現哪些Problem阻礙，導致產生解決問題、創新想法Promise的知識或觀念，最後是Practice，也就是該如何學習與應用這些知識。

因此，不論是公民、數學、社會、自然、國文與英文，甚至大學各學科、企業各領域進修，只要是為了解決問題、創造知識或提升能力，就會有故事線。再枯燥的內容，只要用敘事思維的角度，都能找出可以讓人有感、好奇的故事線（請參考第九章我改寫科技部再生資源綠能計畫的文章）。

從時間軸來說，一堂課或是一學期的課程，就像三幕劇一樣，有開始、中間與結尾。第一幕開場是如何找到學習的Purpose目標、建立學生Promise的學習動機，願意學習相關知識或技能的Practice，第二幕出現難題阻礙，師生該如何共同攜手克服，沒想到一波三折，直到第三幕如何解決難題，完成任務。

故事融入教學的五種方式

根據我的觀察與經驗，故事融入教學主要有以下五種方式：

1. 單純說故事

老師對學生說一個故事，透過故事的開始、中間與結尾，完整闡述的內容，來發揮故事在傳承、影響與啟發的功能。說完故事後，可以讓學生討論與表達自己的感想，要求他們盡量完整地陳述一段想法，並且能搭配例子說明，讓故事產生的效應深入人心。

這個方式可以參考第七章最末的例子，老師帶著學生從種米到賣米的「公益米大行動，師生最寶貴的一堂課」，讓學生透過故事來討論班級經營、風土特色、行銷創新等主題。老師也可以藉此帶領學生思考班級能做什麼，或是發起一個跟社區有關的公益行動。

2. 製造故事問題，讓學生投入

這個方式的目的不是說一個高潮迭起的故事，而是老師應用故事4P的概念，找出吸引人、讓人好奇的故事問題，激發學生的好奇心，讓學生參與練習或討論（請參考本章最末個案一：自然科「人體的循環系統」個案應用）。

3. 個案與情境討論

第三個方式是用故事來做個案討論，引導學生融入角色情境，讓他們以同理心去思考角色在情境中遇到的Problem阻礙，他們內心的Promise感受與想法，如果是你會怎麼想？你的Practice會怎麼處理？在歷史、社會、公民與國文等科目的教學最適用。

4. 引導學生口語表達或文字書寫

不論是寫作、演說或專題報告，老師都可以運用故事4P建立故事線，提供學生一個思考方向。接著，可以使用故事九宮格引導學生完成層次豐富，有個人反思且引人入勝的作品（請參考本章最末個案二：家長如何運用故事九宮格引導孩子說故事）。

我有一位學生是國中國文老師，她讓學生互相訪談說故事，或是對方說一個故事，請另一位重述一次，原本的說故事者就會知道自己表達上有什麼問題，進一步做修改與補強，這也是一種有趣、有意義的練習。

5. 班級管理

這個方式讓學生可以在討論班上事務時練習表達意見，或是在特定機會中說出個人故事，讓同學之間彼此能深刻認識（請參考本章最末個案三：說故事也能做好班級經營）。

三小時線上課的敘事教學

我以本章一開始提到的線上課程為例，說明我如何以敘事思維規劃課程內容。開課前，我一直跟主辦單位溝通，若要真正幫助學生實際運用提問技巧，需要三階段的練習過程。第一階段需要學生課前準備，了解自己的問題與需求，激發學習動機。第二階段是透過課程互動討論與實作練習，讓大家知道實際遇到的挑戰，老師再提供回饋與建議。第三階段則是課後作業的加強練習。

因此，我希望這堂課跳脫傳統老師單向講述大量的知識、概念與訊息，才有可能幫助他們到地方訪談、觀察與互動時，能早點進入狀況，遇到溝通不順暢、甚至是挫折時，能有所應變調整。

主辦單位被我說服，也積極配合我的課程設計。為了解決這群大學生背景知識不足的問題，先要每個人閱讀我的著作《風土創業學》，並完成兩項課前作業：一個是整理他們預計蹲點的社區狀況，並且從書中十二個不同類型的個案，挑出一個類似情境或問題的個案進行比較。藉此，學生不只是整理網路資料，還能練習敘事能力，透過描述與詮釋社區狀況，並且在個案比較中寫出自己的觀點與想法。

我也安排他們在課前就開始思考如何進行訪談。因此，學生要根據這本書的內容，寫出訪談我的五個問題，我在線上課程會進行點評討論，提出建議與修正。課後他們還要重新思考與修改訪綱，再寄給我點評，讓這個練習能持續強化學習效果。

我安排的課程，包括了從課前閱讀、撰寫作業與擬訂訪綱，加上三個小時的線上課程，以及最後修正訪綱，學生要花的時間或許得超過十小時。我認為這才有可能幫助他們具備問題意識、提問與思考能力。

教學個案：敘事如何融入教學

這個線上三小時的採訪提問課，我要如何運用敘事力進行互動教學？

第一階段：引發注意與思考

一開場，我先講一個遭受挫折挑戰的訪談真實情境，請學生們思考與回答要如何應變？

> 我曾協助一個工藝故事計畫，要去一個小鎮訪談八位工藝達人。因為工作時間的安排，週日早上訪談第五位、也是知名的捏麵人工藝大師。我依約早上九點準時抵達，一到現場，這位老師正在準備擺設捏麵人的車子，我就趕緊抓時間照相，希望呈現他的專注神情。
>
> 沒想到他看到我照相，神情大變，馬上就警告我不准照相。我想他誤會了，連忙自我介紹，就是要採訪他的人，照相是要呈現他的最佳樣子，拍完就會進行採訪。
>
> 但是他一直拒絕，還碎碎念的抱怨，「你們是故意的，你們知道我沒有得到工藝獎，才故意安排我在第五個……」

這時我停下來，透過麥克風詢問線上的學生，「請問如果是你們遇到這個情況，該如何緩和氣氛？或是要如何跟這位生氣的長輩溝通？會對他說什麼？」我請大家在留言板寫下想法，我再從中挑五位發言，請他們說明想法。

大家輪流說完後，我透過提問引導他們深入說明。最後歸納統整大家的想法，給予回饋之後，我再將後續的故事說完。

> 我當時聽到他提到工藝獎，就想到採訪名單中，有得獎、也有幾位沒得獎，但他們都是工藝領域的佼佼者，沒有因為得獎與否有所區別，然而他會這麼說，代表他很重視、也渴望得到肯定。我接著就問這位達人，「我可否請問您一個問題？」他沒好氣的說，「要問什麼？」
>
> 「請問老師今年幾歲？」他說六十六歲。我接著問，「請問您幾歲開始做捏麵人的？」
>
> 他想了想，「六歲左右。」他語氣不耐的說，「問這麼多幹嘛？」

我又停頓下來問線上同學，「遇到這個狀況，這時候你們會怎麼接話？要怎麼讓對話更順暢？」

大家又開始回答。我會繼續提問、補充與延伸他們的意思，增加互動對話，讓大家都能投入討論。

最後，我將這個故事說完。

我對這位老師說，「您做了六十年，真的很不容易，我想你應該不是在做捏麵人吧？」

這位老師翻個白眼，不高興的說，「不捏麵，那要捏什麼？」

我緩緩的說，「您應該是在捏您的人生吧？捏了六十年的人生，對吧?!」

老師突然愣住，一時說不出話來。接著他看著我，神色緩和地說，「你怎麼會知道？你是我的知音……」看到他的轉變，我自己也嚇一跳，連忙說，「我隨便說說的，您不要太在意啦。」

他卻說，「你是我的知音，我的自傳交給你寫好嗎？」

我急忙推辭，趕緊回答，「老師，我亂問的，我只是想你辛苦這麼久，應該是很努力想傳承這個技藝，對嗎？」

他點點頭，還握著我的手說，「我們要不要一起去吃小吃，多聊聊？」

我連忙說，「老師，不用吃小吃啦，我們就進去工作室聊聊你的故事好嗎？」

這個故事說完了。我請大家在留言板寫下聆聽這個故事的心得與感想。

我點評大家的想法之後，就提到這個故事的狀況有可能會發生在大家身上。因為別人為什麼要接受你的採訪？就算你採訪他，他會告訴你真心話嗎？或是你能聽出他沒說出來的心聲嗎？

接著，我說明這堂課的第一個重點，精準提問應有的態度與技巧，也就是「優質對話

AAR四循環」（提問Ask，積極聆聽Active Listen，覺察Awareness與回應Respond），並拆解這個故事的對話過程，讓大家理解捏麵人故事跟提問技巧的關聯。

第二階段：引導討論與闡述課程重點

第二階段的重點是如何問出好問題。我請大家思考與回答，什麼是好問題？等大家說完之後，我再歸納大家的想法，但不會加入我的個人意見。

接著，我讓大家體驗什麼是好問題、什麼是不好的問題。我舉出一個採訪我的訪綱當案例，這份訪綱列出的問題凌亂、彼此沒有關聯，讓我不易理解與回答。我讓大家看完之後，站在受訪者角度來分析這份訪綱有什麼問題。

下一步，我馬上舉出一份問題清楚、內容有重點的訪綱當正面案例，讓大家比較參考兩者的差異。

結束這兩個案例的討論之後，我對大家說明好問題的三技巧，包括設定問題範圍，由淺而深，大問題要拆解成小問題。並以第二份訪綱來拆解分析，三技巧如何應用。

我接著說明，好問題背後要有「問題意識」。因為沒有問題意識，你要問的問題就會彼此無關，沒有核心重點，有了關心的問題意識，才知道要問哪些問題。

我再以前兩份訪綱當個案，討論訪綱撰寫者可能的Purpose，他遇到什麼Problem？導致他想採訪我，但是他問出的問題哪裡有問題？該怎麼問會比較好？

第三階段：點評作業與互動討論

第三階段的重點是討論大家的訪綱內容，以及如何建立他們去社區蹲點的問題意識。

我先討論大家課前完成的報告與訪綱，在《風土創業學》閱讀心得與社區狀況的比較過程中，我藉此了解各組對於地方狀況的準備與認知程度。

接著，我逐一點評十二份訪綱的作業，詢問每一組同學，他們訪綱想問什麼主要的核心問題，問題意識是什麼？請他們思考與表達，我再引導他們把問題釐清。

課程結束前，我請大家留言，分享在課程中學到什麼。我再一一說明與討論，並開放提問，以及課後修正作業的提醒。

這堂課結束的兩個月之後，大家也完成社區蹲點與訪談。主辦同仁告訴我，透過這門課程的練習，他們去社區訪談時，問問題比較有信心，問題更聚焦，也知道如何整理重點。

上課像追劇的敘事教學

我在三小時線上課的內容中，運用了敘事融入教學的前三種方式。第一，用一個故事來引導大家思考與感受，第二，透過故事問題引發大家好奇與思考，第三，類似個案討論的形式，讓大家站在我的角度、還有工藝老師的角度，來思考我們的感受、我們身處的情境，我們遇到的阻礙是什麼，該如何解決對話之間的衝突與不信任？

最後，我想藉由這個教學經驗，傳達敘事教學的兩個重點，希望能解決前述教學現場的兩個挑戰。

首先，**故事要跟課程主題有關**。為了要與這群學生連結，我必須挑選一個他們有感受、也跟他們未來處境有關的故事，同時用這個故事帶出我想談的提問技巧，引導他們後續的專注投入，讓故事扣緊課程主軸，而非只是吸引他們注意。

其次，**創造機會讓學生充分練習思考與表達**，包括：課前作業準備、課後作業的活用，還有線上的討論與表達，讓這門採訪提問課不只是提供他們觀念與知識，而是有具體的情境與應用方法。

教師將課程內容敘事化，並藉著提問引導與培養學生思考與敘事表達的能力，才能真正達到教學相長的意義。

個案一：自然科「人體的循環系統」個案應用

以敘事觀點來看目前大多數課本與教案的內容，學生會覺得枯燥無趣，是因為其中沒有**衝突**。衝突是故事的核心；沒有衝突，故事就不會前進，就會停滯沉悶。我們可以運用**故事4P**，把課本內容變成有衝突、有情節的劇本教案，吸引學生的興趣，繼而想要理解。接下來，就以國中自然科老師林凱彥的敘事教學個案為例，看看如何把硬知識用軟敘事來溝通。

凱彥設計的教案，是國一生物課的「人體的循環系統」單元。這個主題有著大量需要背誦的內容，老師在教學上的挑戰是讓學生知道血管種類，心臟構造和記住血液循環的途徑。運用故事線，會讓這門知識比較容易親近好理解，凱彥就以故事4P搭配提問引導的方式，讓學生循序漸進地了解課程重點。

教案步驟與教學重點

課堂一開頭，老師先用問題引發動機。凱彥問同學，明明是感冒鼻塞流鼻水，但醫生的處置卻是讓我們把藥吃到肚子裡，或是在手臂上打針。大家有沒有想過，為什麼醫生會這麼做呢？

藉由問題帶出大家的討論，老師再來引導學生建立初步觀念。也就是，透過問答知道藥物進入身體之後，會隨著血液在血管中運送到全身各處，進而了解人體循環系統如何運

Purpose 目標	心血管系統的功用是什麼？ 教師回應： 心血管系統為身體不同細胞提供生存所需的養分和氧氣，同時可以帶走細胞代謝廢物與二氧化碳。
Problem 阻礙	如果心血管系統出問題，對人體會產生什麼阻礙？ 教師回應： 1. 血管會出問題。例如血管阻塞，就會無法將氧氣及養分運送到身體的細胞，造成身體器官的病變。就像交通道路被中斷，該運送的貨物無法送到目的地。 2. 心臟發生問題。例如先天性心臟結構異常，會造成心絞痛或心律不整，影響心臟輸出血液的能力。
Promise 決心	因此，我們要學習心血管系統知識的原因是什麼，這很重要嗎？ 教師回應： 1. 學習保養身體：注意自己的生活型態或飲食，如何做可以增進心血管系統的健康。 2. 檢視自己的狀態：有意識的注意自己身體狀態，例如血壓數值、心跳頻率和心臟是否會疼痛。
Practice 付出	教導課本上的知識：血管種類，心臟構造和血液循環途徑。

表11-1　「人體的循環系統」以4P做問答討論

作。

接下來，就進入故事4P的引導討論。由於這屬於比較生硬的科學知識，老師在每個階段都可以藉由提問引導讓學生發想與說明，老師最後才回覆答案，課堂的問答重點參考表11-1。

透過具體情境的引導，加上故事4P的提問與討論，學生對人體循環系統能有基本觀念。後續老師再說明相關知識，學生因為已有了背景脈絡，就能循序漸進的思考。

教學心得分享

凱彥回想自己以前使用傳統教法，認真講解課程內容時，都會舉例說明，以為學生應該能吸收。但是，等他抽問同學剛剛說了什麼，他們最常記住的，往往是老師上課的一些小口誤，其次才是課文的名詞重點。

凱彥學會在課堂上說故事之後，深感結論對於聽眾或學生很重要。因為結論正是讓聽眾有收穫、並且能帶走的東西，如果要讓聽眾記得你說過的事，就必須要有結論。

因此，如果想要初學者的大腦可以快速牢記內容，老師必須把複雜的段落文字簡化成一、兩句話，讓學生知道這些內容的重點與結論。

凱彥現在每講解完一個段落，總是會補上一句：「所以我要說的是……」長久下來，這句話也是他和學生之間的默契。如果學生前面不小心恍神了，聽到「所以我要說的是……」時就會趕緊回神，才會來得及抓到重點。

個案二：家長如何運用故事九宮格引導孩子說故事

在大學任職行政祕書的莊慧玲，把在我的課堂上學到的故事九宮格，應用在家裡引導孩子說故事釐清內心的感受。以下的案例，分享給家長學習，也適合老師參考。

幫助孩子把心事說出口

前天兒子回來說，因為學校停課，他才意識到原來被隔離的同學是他的好朋友，他很想念這個好朋友。我一聽很好奇，因為從來沒有聽他講過這件事，我就使用「故事九宮格」嘗試幫他整理事情的來龍去脈，最後能說出內心的感受（以下請大家參考故事九宮格圖表中的編號來對照閱讀）。

撒米糠幫我交到好朋友

❶ 我們班在學校菜園有一小塊地，這塊地種了薑黃。這學期初，老師問有沒有人要撒米糠給土裡的蚯蚓吃。

❷ 我趕緊舉手說「我自願」，我想在下課時做點不一樣的事。同學阿原也自願舉手，他覺得下課時很無聊，也想做點事。

我和他在班上都沒有好朋友，下課時常常是一個人。但我們兩個彼此也不熟、很少講話。

❸ 下課後要去菜圃，老師提醒我們撒好後要澆水，我和阿原便提著一袋米糠下樓。

❹ 但是我們根本就不知道要怎麼撒，只撒一點就回到教室。老師又告訴我們可以整包撒完，所以我們就用手撒米糠，還花了一些時間才完成。

❺ 一開始我們邊撒邊玩，但是很沒有效果。後來我們開始想怎麼做才能撒成功。

❻ 例如改在中午撒，不然別的蟲會過來搶米糠吃，蚯蚓就吃不到了。下課時有別班同學也想參加，又要分些米糠給他們。但我們想要全部自己撒，也希望蚯蚓吃飽一點。

另外我用紙盒自製撒米糠容器，可以均勻的撒。不過米糠很容易就讓紙盒發霉，所以我們又要想新的方法。

我們改回用手撒，但是要控制剛好的分量。一個人撒，另一個人要接著澆水。過了幾週，我們班管理的菜圃的土已經又鬆又軟了，大家就採了很多薑黃帶回家。

我和阿原每週二都很期待一起去撒米糠。

❼ 最近，學校因防疫停課三天，星期四我回到學校，趕緊去撒米糠。突然我覺得好孤單，原來是阿原被隔離了。

❽平常沒發現，停課或線上課也沒感覺，直到這一刻，我才覺得我好想阿原。

❾又過了兩天，阿原回來了。他也說他很想念和我一起撒米糠。

這是我和阿原變成好朋友的故事。

❿以前我以為我功課不好又很調皮，也沒有新奇的玩具，才交不到朋友。現在我知道，原來好好一起完成一件事，就能交到好朋友。

心得回饋

以前跟孩子聊天，問他學校發生了什麼事情，我可能問到一半就會想說道理，例如「所以你應該……」，這次透過故事結構單純幫他整理想法。等他講完後，我再問他，「這次你學到什麼」，他反而很快就想到故事的意義與結論，「原來好好一起完成一件事，可以幫他交到朋友。」

運用了故事九宮格，我更容易教孩子發掘故事，同時也能了解他發生了什麼事，親子溝通也更順暢。

個案三：說故事也能做好班級經營

國中老師林凱彥回顧自己在課堂上遇到的糗事，當場透過跟學生說故事來化解尷尬，並進一步做了班級經營。他回顧這則經驗寫成了以下的故事：

有次上課到一半，突然被同學提醒我的褲子破了大洞，連四角褲都露出來了，實在很糗。有些皮一點的學生還特地站起來看。離下課還有一段時間，我也沒辦法去換褲子，只能先拿衣服遮住。

當下我不急著罵那些笑我的人，反而先謝謝提醒我的同學，讓我不會繼續丟臉。

接著話鋒一轉，說自己在這種尷尬的狀態下有一個體悟。體悟到女生生理期不小心沾到衣物上的時候，原來是這種心情，身為男生的我終於能理解。

我感性的說：「女同學們，辛苦你們了。」講完後有很多女同學點頭表示贊同。

同時我對全班同學說，如果看到別人出糗，多點同理心趕緊給予協助，就像你們提醒我一樣。如果是自己出糗，面對別人的訕笑也別急著生氣，能不能解決問題才是我們要思考的點。

接著，我就裝作若無其事的繼續上課。

到了下一節中午用餐時間，我回到自己班級時，想起這是一個好的故事示範。立刻問大家說：「你們人生中最糗的事是什麼？」

大家很疑惑的看著我，好奇我為什麼要問他們這個問題？我接著說：「各位同學，剛剛上課時，被別班同學提醒我的褲子破了，對，你沒聽錯，我的褲子破了。」

如預期般的，底下出現一陣笑聲，大家的目光紛紛轉向被我衣服遮起來的地方。於是我把剛剛在上一班說過的話重新說一次，說完後我發現他們的態度變了。

「老師你要不要趕快回家換？」「老師你要不要去福利社買一件學校運動褲？」「老師你要不要去向其他老師借？」「老師你不要動，我幫你盛飯。」

我感受到他們滿滿的同理心，聽到他們七嘴八舌的解決方法，除了窩心還是窩心。

這個好糗的經驗，讓我學到和班上學生分享個人糗事，並一起討論解決方法，這是一種很棒的機會教育，也是在班級經營中增進彼此感情的好方法。

課後練習

讀完凱彥分享個人故事、讓學生理解同理心的經驗，請你說說看其中的故事4P分別是什麼？

Purpose：

Problem：

Promise：

Practice：

第十二章　敘事創生力：

透過故事呈現地方特色，創造難忘感動

台南中西區的小吃與古蹟雲集，這幾年成為熱門觀光景點。這裡有個全台最古老的王爺廟——普濟殿，周圍街區一直沒有觀光人潮，甚至連不少台南人也沒來過這裡。

普濟殿街區就位在台南府城的海安路與西門路這兩條垂直大路之間，以及民族路以北、成功路以南的區域，中間還有台南知名的小吃街國華街垂直穿過。從熱鬧的水仙宮市場走路不到十分鐘，就會來到普濟殿。

有一群在普濟殿街區長大的在地人，組成普濟文史研究協會，希望重新活化這個街區。他們邀請在西班牙學畫的藝術家許荷西，重新為普濟殿的壁畫作畫，讓普濟殿有了新的藝術氣息。協會也自掏腰包，在每年元宵節之前邀請大人小孩來普濟殿彩繪燈籠，並舉辦普濟殿燈會，展現眾人彩繪的成果。經過十多年的努力，燈會已成為觀光亮點，燈會作品甚至還受邀到日本展出。

只是燈會結束之後，人潮就離開了，一年就熱鬧這麼一回，參與導覽遊程的人數也不多。普濟文史協會想讓更多人凝聚地方共識，提升導覽解說、整合規劃的能力，邀請許多地方創生名人、學者來講課，但多半為分享經驗與概念，沒有針對他們的問題與需求提供具體方法與建議，參與學員不多、效果也有限。

因此，普濟殿文史研究協會執行長蔣文正，特別來台北找我，邀請我規劃普濟殿周圍街區的走讀行程，同時也為協會培訓導覽解說員，希望吸引更多人參與，甚至能夠加入文史協會，激發更多元活潑的創意。

學習用故事與旅人深度溝通

由於文正專程北上邀請，又看到他們的努力付出，我決定協助他們開課。

這門課程主要特色，在於讓學員學習敘事力與旅人深度溝通。因此，需要將生硬的文史資料轉化成有趣、吸引人注意的內容，並重新規劃導覽走讀行程，再透過導覽敘事，讓更多人對普濟殿街區有更多認識。

即使做好開課準備，我內心仍忐忑不安，生怕招不滿學生。因為我不是台南人、也非文史專家，對於招生人數沒有信心。我建議招二十人就好，文正則建議將人數提高到三十人。

另外，報名還有一些規定，也可能影響報名意願。雖然課程免費，參加的學員需要事先閱讀我的著作《風土經濟學》，因為課程會採用這本書的概念與方法，報名者還要填寫報名動機與經歷。我們希望招收的學員是真正熱愛地方，想學習企劃與敘事方法，不能只是看熱鬧、或是貪圖免費來占名額。

沒想到透過臉書宣傳，兩天內就湧入快八十人報名，原本預計要宣傳半個月的招生期，決定只宣傳五天，以免太多人報名，更難篩選。

最後竟有一百一十人報名。為了不讓大家失望，又有場地限制，我們決定增加名額、並調整分組狀況。我們根據背景、報名順序與問卷內容，選出四十九人，平均分成七組，也讓普濟殿街區再細分成七個區域。

我們刷掉了六十一人、錄取率只有44%。短時間內就有這麼多人報名，實在出乎我們意料之外，更好奇大家的需求與期待。

我們檢視報名名單，三分之二是台南人，另有三分之一來自台北、台中、雲林、嘉義、高雄與屏東。職業上有地方創生工作者、公務人員、文史老師、大學教授、高中老師、民宿與飯店業著、旅遊業、導覽解說員與大學生，甚至還有好幾位就住在普濟殿街區上。

大家的共同期待，都是不希望對台南的印象只有小吃、一些熱門的寺廟古蹟，而是想重新認識台南，並學習一套規劃行程、企劃創新與說故事的方法，能夠與更多旅人深度溝通。有位在台江國家公園擔任環境生態解說員的學員在問卷寫著：「我們的生態解說工作在轉譯歷史文化為有趣內容，遇到不少挑戰，最主要就是整合脈絡的企劃力以及轉譯文化的故事力。我也曾經跟著導覽老師在普濟殿、兌悅門、藥神廟等地走動，但幾天後卻無法再說出聆聽內容的點點滴滴，我推測是故事性不夠、無法留下深刻印象。因此，在充滿故事的台南家鄉，如何透過課程帶學員獲得感動回憶，是我最期待的收穫。」

地方不欠有形建設，最缺無形故事

「普濟殿帶路人企劃工作坊」的開課緣起與報名熱度，反映出許多地方工作者共同的挑戰與需求。相對於近年台南古都吸引大量的觀光客，台灣各地的觀光發展則是兩極化，許多景點無法讓人深度體驗，只能走馬看花；觀光客跟在地人的互動更有限，導致不易回訪，在地人只能賺取停車費、小吃攤的微利。

我認為這一切的關鍵，是地方特色要透過敘事能力來表達與詮釋，但是現在遇到了好幾種問題。第一個問題是，大家不知道自己的鄉鎮有什麼特色與能述說的故事，只好變成浮光掠影的流行與模仿；例如：跟地方缺乏連結的彩繪與造景，或是興建各種硬體館舍，但這些設施除了讓人打卡拍照，無法留下深刻印象。

其次，有些景點堆砌了太多文史資料或生態知識，卻讓旅人無法理解與感受。我們常遇到導覽解說員或文史老師提供很豐富的資料，但內容往往過於生硬，講述時間又過長、缺乏互動，讓外地的旅人無法融入。這就如同前幾章提到，解說者如果沒有考慮聽者的感受，塞入太多事實，往往都是沒有情感的「雜訊」，不易讓聽者留下深刻印象。

近幾年，政府為了活化地方特色，編列各種計畫，讓大學、顧問公司或是地方創生團隊進行調查與規劃。但是，我看到這些團隊提出的計畫成果，往往是一些沒有經過消化解讀的資料，更缺乏引發讀者情緒、好奇、想像與感動的故事。當團隊工作者的敘事能力不足，就無法有效整合、詮釋，將資源設計成有故事的行程，加上不懂得跟地方組織相互合作，即使再多的盤點與調查，也只是滿足計畫要求。

敘事力如何活化地方特色

如何運用敘事力幫助地方創生或是活化地方特色，轉換成可以與外界溝通連結的內容？我在自己的著作《風土經濟學》與《風土創業學》，都有談到這個課題。本書的這一章，我要為大家進一步說明，先建立敘事思維，再掌握敘事方法，才能對旅人傳達地方特色。

敘事力的應用有三個階段。第一階段是如何訪談、挖掘與詮釋地方風土人文與歷史內容；第二階段是盤點內容之後，思考整體特色的定位；第三階段是如何轉換成可以述說的故事，以及實際的行程安排，讓旅人能聆聽、互動與體驗。這包括了：如何述說每個景點的人事物與特色，再來是串聯整合各點，產生具有情節變化的內容，最後是如何帶動在地各產業、社區、業者彼此之間點線面的連結，讓故事一直延續發酵。

我在各地訪談、開設工作坊時，常常請大家介紹家鄉的故事，來傳達在地特色。我發現學員經常出現兩種極端的回應：第一種是難以具體描述自己家鄉的特色與故事，只能說一些刻板印象，或是景點、夜市小吃，好像因為太熟悉與理所當然，反而無法換個角度，對旅人介紹或描述自己的家鄉特色。

第二種是會鉅細靡遺地介紹家鄉的各種文史，要不是都從清朝、日治時期開始講起，不然就是滔滔不絕的談起廟宇的建築細節，或是各種生態知識。這些看似專業的知識、典故與資訊，對外人往往成為難以理解的流水帳，即使聽完，也不易有深刻印象。

我都會提醒大家，要先建立敘事思維。也就是，站在外來者、旅人的角度，去感受他們的期待與好奇，下一步才是從文史資料、風土民情取材，安排與調整內容，找出旅人好奇的故事線、衝突點，再透過敘事能力創造驚訝與感動。

能說故事的帶路人，可以將內容分類排序，找出陳述重點；其次能透過情節安排，吸引旅人，藉此來傳達地方的價值與意義，獲得認同肯定。

紙上工作坊

說出家鄉好故事

個案一：如何為街區說故事~以普濟殿街區為例

我以「普濟殿帶路人企劃工作坊」的課程運作為例，說明如何帶著學員先建立敘事思維，接著運用敘事力三階段，將文史內容與地方特色逐步轉換成有整體定位、有情節的體驗行程。

我把課程內容設計為四堂課，每一堂四小時，安排於隔週的星期六下午進行，上課地點就在普濟殿附近，室內課上完可以直接到街區走動。七組成員負責重新規劃區域內的行程，並重新述說特色與故事。

在實作中培養學員的敘事力

第一堂課我先帶領學員認識問題意識。來自台北、台中、雲林、嘉義與高雄的外地學員與台南在地學員齊聚一堂，大家先討論自己的需求、期待與目標，以及遇到的挑戰。各組學員在這堂課上練習表達與聆聽，歸納與整理，並能聚焦問題。大家共同遇到的問題是觀察力與敏感度不足，找不出訪談對象或是地方的特色，也就無法發現獨特故事。有了問題意識，知道彼此共同的問題與學習需求，才有動機學習如何找到解決問題的方法。

第二堂課則是幫助學員建立敘事思維，練習換角度思考，找出故事獨特性。兩位文史老師昌哥與輝哥各自帶領學員，分兩條路線導覽普濟殿街區，兩小時後再回到教室進行分組討論。

走訪完，我先請學員各自寫下行程中印象最深刻的五個點，每組排出前三名之後，全體七組再排出整體印象最深刻的前三名。

出乎意料的是，普濟殿旁邊的黃家米糕栫（ㄐㄧㄢˋ）拿下了最高票；其次是拍攝電影《瘋女十八年》的蕭家古宅；第三名則是普濟文史研究會的辦公室。這三個點對文史老師來說都是再平常不過，根本不是他們想傳達的主題，他們在意的是普濟殿街區的文史變遷。

黃家米糕栫是個意外。我們走訪街區時，這位傳承百年的米糕技藝達人黃銅山恰巧站在工作室門口，協會成員臨時起意買米糕請大家品嘗，而兩個路線的成員剛好聚在這裡一起吃古早味米糕，現場熱鬧又有趣。

我趁機請文史老師介紹黃師傅的故事。大家才知道這是普濟殿祭祀的主要點心，黃師傅都會在廟埕製作，也成為台南其他廟會的點心。由於製作過程繁瑣，需要事先訂製，大家現場吃不夠，決定團訂，下次上課來取貨。

第二名的蕭家古宅，則是電影《瘋女十八年》的拍攝場景（這是一則改編為多部影視作品的民間故事），大家就站在古宅外聆聽文史老師介紹整體建築特色與歷史變遷，幾位成員也主動上網搜尋瘋女十八年的故事。

第三名的協會辦公室本身也是老宅，最特別的是，門外的柱子刻著日本時代留下「註生娘娘」的文字與印記。原來，台南有著許多祭祀不同神明的地方社團，這個老屋過去的主人是負責註生娘娘誕辰的社團，如果老師沒有解釋，大家就會錯過了。接著，大家擠在狹小的辦公室空間裡，聆聽文史協會創辦的艱辛過程。

我歸納，這三個地點都有人的故事，並立即能與旅人連結。第一名的黃家米糕梓有食物、有人物、有互動，也挑起學員的好奇心。第二名的蕭家古宅啟發大家對神祕的「瘋女十八年」的好奇心，第三名的註生娘娘，詮釋了不同地方社團會負責不同神明的祭祀活動，很像現代的扶輪社，幫助大家理解與連結。

透過投票與討論，文史協會跟學員對於如何站在他人立場換位思考，突然有了啟發。沒有故事或引人好奇的故事線，再多文史資料或景點介紹，也是枉然。找出故事線並與旅人連結，才是最重要的第一步。

到了第三堂課，七組成員深入走訪普濟街區的七條路線，再運用敘事思維，去想像、構思與討論，如何讓每條路線有互動、有故事，有文化歷史。課後作業就是仔細閱讀協會整理的普濟殿文史資料，並深入訪談文史老師，再重新規劃街區導覽路線。

第四堂課、也是最後一堂課，成員實際演練敘事加工，發表路線的行程安排。敘事表達要按照故事4P的方式，先說明這條路線的故事線、定位與特色，再說明導覽路線上的廟宇、建築、店家的人事物細節。

Purpose 目標與背景脈絡	下粗糠崎的名稱，來自俗稱「米街」的新美街，將碾米後的粗糠外殼倒入溪水中，流到此地堆積而成，因而被稱為下粗糠崎。這條街也有「聖君廟街」之稱，因為數度遷徙的聖君廟最後落腳在此，並成為普濟殿池府千歲的陪祀。這條小路也曾是藝文大老葉石濤每日去國小教課的必經路線。
Problem 阻礙	由於環境變遷，這條街道逐漸沒落，失去人潮。
Promise 決心	普濟文史研究協會的會員、也是教國小藝術的謝美鈴老師，她希望透過藝術活動增加地方互動，讓這條小路產生不同的活力。
Practice 付出	美鈴老師發起與在地長輩、孩子一起剪紙，用畫筆與剪紙在牆上呈現藝術特色，文史協會也在元宵節掛起彩繪燈籠增添氣氛，這條小路也被稱為「剪紙巷」。

表12-1　「下粗糠崎」的故事4P

下粗糠崎故事4P

我舉出其中一組介紹的「下粗糠崎」，以故事4P呈現的內容如下，請參考表12-1。

導覽小組述說完這條街的特色，再總結剪紙巷的四大特色，包括物（粗糠）、神（聖君廟）、文（葉石濤的文學）與花（剪貼藝術）。透過故事線述說，先讓旅人有整體認識與連結，接著走到各個定點，再深入說明粗糠的起源、聖君廟的變遷、葉石濤的作品與故事，以及變成剪紙巷的歷程。

這四堂完全以實作為主的課程，透過外地人與在地人相互交流，再將彼此想法整合。逐步建立敘事思維之後，再進行故事線的挖掘與整合，為普濟殿街區增加更容易理解感受的故事。「經過幾次練習與實地探訪後，我內心認為最值得介紹的景點或事件，卻是導覽解說老師認為最普通日常的事情，」一位專程從台中來上課的張雅雯，反思這四堂課的學習心得，「我學到最多的是，保持旅人思維的好奇心，以及如何重新詮釋與述說地方故事的方法，讓地方與旅人產生好的互動，才能增加遊程深度。」

個案二：如何為小鎮說故事～以嘉義新港為例

嘉義新港有個成立超過三十五年的新港文教基金會，長期致力社區營造，帶動地方人文、環境與有機農作的發展。但是新港並不以觀光旅遊聞名，許多人對新港與北港常常搞不清楚，還有不少人來到新港奉天宮前，詢問路人此地是不是北港朝天宮？

因此，基金會在二〇二一年邀請我來開工作坊，協助他們找出新港的特色，期望能吸引更多人前來新港深度旅遊，活絡地方產業。

但是我對新港不熟悉。我的初步印象只有雲門舞集創辦人林懷民是新港人，雲門第一場下鄉公演就是在新港，其次是長期致力社區營造的新港文教基金會，再來是早年大甲鎮南宮的媽祖遶境進香時，要去奉天宮還是朝天宮的新聞爭議，最後是有知名的名產新港飴。

開課前一天，我先來新港走一趟，實地了解狀況。基金會安排我看奉天宮、糖廠鐵路遺跡、品嘗新港飴、在地醬油，走訪板頭村的板陶窯，還有拜訪蒐集農村古早用具的達人，最後是基金會經營的有機農場。

雖然看了這麼多地方，整體印象卻是混雜的。因為這些元素太分散，沒有明確的故事線，不易了解新港特色，我更有一個疑問，雲門在新港公演之後，重視鄉土意識的新港人成立新港文教基金會，長期投入社區營造，並經營出四百多人的志工組織。我想了解新港的仕紳文化與社區意識的連結，基金會同仁卻解釋不清。

重新整理與詮釋既有行程：奉天宮

該如何找出新港故事，建立新港的獨特定位？我先構思出新港三大需要挖掘的故事線，一個是歷史悠久的奉天宮，第二是沉寂已久、重新活化的糖廠鐵路環境與屋舍，第三是新港文教基金會本身。我透過第一次的企劃工作坊請基金會成員、志工整理出奉天宮的內容，糖廠鐵路的特色，以及基金會工作的重點。

相傳在清嘉慶年間落成的奉天宮，一直是新港的信仰中心，也是形成交趾陶工藝的匠師文化重鎮。日本時代興建的糖廠鐵路，則為新港帶來經濟效益與交通運輸的便利。基金會在糖鐵廢棄沒落後，號召志工整理一度淪為垃圾場、重新活化的糖鐵公園，並將站長宿舍改造成「新港客廳」的餐廳，運用基金會經營的有機農場食材，呈現新港的食材特色與小農文化。

透過盤點、整理出三條可能的故事線之後，第二次課程主題是故事力，要讓基金會志工、業者與基金會成員一起練習說地方故事。我將大家分成四組，包括基金會組、奉天宮組、農場組與糖鐵組，運用故事4P找出各組的故事線，並進行敘事演練。

以奉天宮為例，二〇二一年當我第一次聆聽奉天宮導覽時，解說員講了太多建築硬體細節、交趾陶藝術典故，一個小時下來，訊息量過高、加上沒有吸引人的故事，我已精神渙散、昏昏欲睡。

因此，我建議一開始不要馬上進入建築細節，而是要說一個吸引人的奉天宮故事。目的是要讓旅人有一個整體脈絡的概念，並透過一個具體發生的事件，讓旅人關心與好奇。小組成員討論出奉天宮的一個重大事件，再運用故事4P建立故事線，請參考表12-2。

透過這條故事線，奉天宮就與交趾陶連結在一起，我也能理解交趾陶的意義，甚至連社區營造的志工文化，都是靠宗教力量來連結。另外糖廠鐵路的興建，也將大量香客帶來新港，讓新港奉天宮成為重要的信仰中心。

透三次工作坊、十五小時的實作練習，大家逐漸找出新港的故事線，也融入行程規劃。

用外地人眼光找出隱藏版行程：大興路

但我的疑惑還是沒有解決，就是新港的仕紳文化究竟是什麼？新港的志工文化不應該只有宗教力量，仕紳文化應該也扮演重要影響力，讓鄉民願意參與公共事務。

隔年的二〇二二年，我終於找到答案。我再度受邀開課，希望幫助基金會增加新港的行程路線，豐富行程內容。我提前一天走訪新的行程內容，第一站來到主祀保生大帝的大興宮，相對於奉天宮的雄

Purpose 目標與背景脈絡	一九〇四年與一九〇六年的兩場大地震，造成奉天宮受到嚴重損毀，需要重修廟宇，恢復新港的信仰力量，找回居民的信心。
Problem 阻礙	當初奉天宮是邀請大陸對岸的匠師來負責興建，地震之後，在地並沒有相關人才，需要再去對岸邀請匠師來負責修復。
Promise 決心	邀請匠師柯訓來新港主持整修，他還帶了從事交趾陶技藝的剪黏匠師洪坤福一同前來。
Practice 付出	修復廟宇過程中，洪坤福師傅還在新港陸續收了好幾位徒弟，漸漸開枝散葉，聚集了許多交趾陶匠師，幾乎都以板頭村為居住地。

表12-2　新港奉天宮的故事4P

偉輝煌，面積較小的大興宮安靜平實。我有些納悶，怎麼會來大興宮呢？導覽解說員告訴我，早年許多民眾會來此拜拜、求藥籤，再拿藥籤上的藥單去前面大興路的中藥店抓藥，因此這條路就聚集了不少中藥店。

故事線冒出頭了。我詢問藥籤內容，還找出古早的藥籤文本，覺得新奇有趣，接著我們走入大興路，找尋中藥店遺跡。走著走著，來到一個典雅的木建築老宅，這裡是剛修建完成的嘉義縣定古蹟「培桂堂——林開泰診療所舊宅」，這是林懷民祖父林開泰行醫與住家的場所。

這棟老宅是由林懷民家族捐給文化部，再由文化部整修兩年，預計將成為新港觀光新亮點。看到培桂堂，我對大興路更好奇了，便詢問大興路在新港的定位與特色，原來這條大興路位在奉天宮後面，被稱為後街（奉天宮前的中山路算前街），大興路雖狹小，卻是貿易市集、中藥行與診所聚集之處。

故事線頭似乎更清晰了。我們走到培桂堂隔壁的蔡家，這是林家多年的鄰居與好友，接待我們的是美術老師退休的蔡瑞妙，我在她家看到很多老照片，原來她祖父蔡乾亨曾在日治時期擔任新港公職人員，與許多新港文人組成「鷇音吟社」，他們以文會友，寫書法、吟詩，甚至演奏西洋樂器。

瑞妙的父親蔡玉棠跟伯父蔡玉村，也都擔任教職。我跟高齡九十多歲的蔡玉村打招呼，幾年前他還出版了一套記述日治時期的《少年日記》，記載他中學生活每日的點點滴滴，成為了解當時社會、文化與生活的重要資訊。

離開蔡家之後，我從蔡家的故事，再去回溯新港林家的脈絡。原來林懷民的曾祖父、前清秀才的林維朝才是籌組「鷇音吟社」的推手，他除了是新港的政治、經濟與文化界的重要領袖，還因為重視宗教與禮樂文化的重要性，在大地震之後，號召對外募款，才有經費重修奉天宮與大興宮。

我之前好奇的新港仕紳文化，原來才是形塑新港的關鍵。新港仕紳文化除了影響宗教文化之外，三十多年前林懷民返鄉公演，也影響在地醫生陳錦煌號召成立新港文教基金會，透過基金會的力量，帶動關懷鄉里的志工文化。

仕紳文化的具體呈現與故事，就在大興路的培桂堂與蔡家老宅之中，透過導覽解說與走訪互動，大興路就成為認識新港的關鍵路線。

隔天我開設的企劃工作坊，就分組討論新港的三條故事線，這三條線彼此還可以整合成更豐富的行程路線。包括奉天宮與大興路組（串聯奉天宮到大興宮之間的路線，加上培桂堂與蔡家的導覽行程）、基金會故事組（糖鐵公園、新港客廳、基金會大樓的特色）以及農事體驗組。

透過這三條路線，能夠完整呈現新港的人文、宗教與農事特色。除了三大路線的故事線解說，還有飲食體驗，例如我建議將新港小吃整合成「大興宴」，可以讓旅客在奉天宮品嘗完整的新港小吃，另外是在基金會經營的新港客廳品嘗精緻的小農食材，農場則可體驗採菜與有機食材火鍋，透過不同飲食風格來呈現新港的多元特色。

個案三：如何說地方景點的故事

前兩個個案是街區與小鎮，但不少學員想學習單一景點來如何敘事，不是只有介紹片面資訊，讓旅人無感無印象。即使只是一個地方景點，還是可以練習找出故事線，增加內容的脈絡與連結性。

我以高雄甲仙一個較少人知道的景點六義山為例，說明如何運用故事線來介紹六義山，為它增加對旅人的吸引力。

我曾帶著在地的甲仙愛鄉協會討論這座山的特色與重點，並加以分類，釐清脈絡。步驟上，就是運用故事4P：先將目標與脈絡整理清楚，再陸續找出阻礙、決心與付出，就可以成為規劃行程、對外溝通的重點。

目標與脈絡

屬於烏山山系的六義山，是高雄甲仙跟台南南化的界山，也是高雄跟台南的交界之山。

從地景來看，這裡視野開闊，稜線清楚，可俯瞰提供台南與高雄用水的南化水庫，陰雨天時，這裡還呈現雲霧瀰漫的風光。

從人文歷史來看，這裡是西拉雅族大武壠社從台南遷徙到甲仙的路徑之一。清代的平埔族移民會先在六義山停留，因為山下會有出草獵人頭的高山族，因此他們會在六義山定居，再慢慢移往甲仙的平地之處。

從事件來看，這裡是台南平埔族與高雄平埔族移動與交易的必經之路。一九一五年日治時期知名的「噍吧哖」抗日事件，當時主要起義地點，一開始是在甲仙，當地的平埔族進行武裝抗日，攻擊甲仙埔支廳（警察局），還有甲仙各地的派出所，這個起義的影響也隨後蔓延到台南各地。後來甲仙志士為了逃避日警追捕，就經由六義山逃往台南玉井（地名稱噍吧哖），再與玉井在地志士聯合對抗日本警察。當時在甲仙起義的這場抗日事件，就稱為甲仙埔事件。

從物產來看，這裡是貿易必經之路。梅子、竹子、鹽巴、米等物產就會經過六義山，貿易者會先在六義山停留過夜，隔天再下山交易。

六義山有許多值得認識之處，但是這裡平日只有少數登山客與散步的民眾，他們對這座山的歷史與意義並不了解。

另外，甲仙許多觀光客都只是到商圈走走，吃芋頭冰、買伴手禮，一個多小時就離開了，對甲仙的認識很有限。

因此，從事社區營造與深度旅遊的甲仙愛鄉協會，就提出一個六義山導覽解說的體驗行程，希望帶旅客走訪六義山，深入認識這個景點，活化甲仙的旅行內容，增加旅人的停留時間。

這個六義山小旅行的行程，預計走三小時，會有四個體驗重點，包括：

第一，認識六義山的生態。從樹木林相、植物的介紹，讓大家不用登高山，透過導覽解說、實地觸摸觀賞，就能知道南台灣重要的闊葉林知識。

第二，透過民俗植物的介紹，能夠知道甲仙在地人在生活上如何應用這些植物的常識，跟在地生活有更多認識與連結，也能了解常民的生活智慧。

第三，遠眺南化水庫的風景，沿途透過不同角度，欣賞晴天或霧濛的美景。

第四，健康。透過邊走邊講邊互動，適度的運動流汗，呼吸新鮮空氣。

從景點、街區、社區到一個小鎮，透過故事線的串聯與聚焦，就能讓旅人了解脈絡，透過情節變化了解地方豐富的風土歷史人文，建立更多深刻的互動交流與共鳴。培養地方敘事力，讓旅人跟著故事出發，更能帶著故事回家。

課後練習

請你仔細想想，如果要介紹自己社區、家鄉的特色，如何運用故事４Ｐ的元素，逐步建立故事線?可以先從一個景點開始練習，接著介紹社區或是鄰近的街區，最後擴大到你居住的鄉鎮。

結語　以更好的敘事，超越既有的敘事

今（二〇二三）年年初帶家人去戲院看井上雄彥編導的動畫電影《灌籃高手The First Slam Dunk》。因為早已知道漫畫的結局，我有點擔心這部電影只是重溫相隔二十六年後的青春熱血，沒有太多意外驚喜與感動。

沒想到我錯了，這是超越《灌籃高手》的不同敘事角度。相對過去主角是櫻木花道、酷帥的流川楓、主導籃下禁區的赤木剛憲，以及精於三分球外線的三井壽，電影主角竟是個子最矮小、最不起眼的控球後衛宮城良田。

電影的敘事主線聚焦在宮城。這部電影設定在一場四十分鐘的球賽時間內，我們不是旁觀者，而是坐在場邊前排，我們跟著宮城良田的眼睛飛快移動，跟著他望向隊友、對手或是找尋可能的傳球空檔，我們凝視場上變化，還看見場外不為人知的故事。

這個獨特的敘事角度，讓整部電影跳脫搞笑熱鬧、青春熱血的單純，回到人性的複雜真實。我嘗試用故事九宮格來結合宮城良田、湘北與強敵山王工業的比賽現場的兩條故事線，讓讀者回顧故事九宮格的應用，尤其是主角內在的promise，那是這部電影的敘事關鍵。

灌籃高手的故事九宮格

（以下請大家參考故事九宮格圖表中的編號來對照閱讀）

❶ 宮城：住在沖繩的宮城良田，他念國中的哥哥宮城宗太是籃球隊主將，也是良田打籃球的啟蒙教練與偶像。

湘北：在全國大賽第一戰要打敗強者山王工業，否則就捲鋪蓋回家。

❷ 宮城：宗太因為船難意外過世。良田決定承接哥哥的角色與位置，照顧母親，以及加入球隊成為主將。

他常去兄弟兩人的祕密基地、海邊的岩石洞穴裡窩著。他懷念哥哥的話語、翻閱哥哥珍藏的籃球雜誌。他想起宗太曾拿出一本封面是山王工業的籃球雜誌：「再四年，我要代表沖繩打倒山王工業。」因為山王是全國第一的強隊，良田也燃起繼承哥哥遺願的雄心壯志。

湘北：赤木與木暮都已高三、即將畢業，這是第一次、也是最後一次在全國大賽出賽，必須要爭取榮耀、留下美好回憶。

❸ 宮城：良田不斷努力，仿效哥哥的打法與技術。

湘北：賽前努力練習，但是眾人內心緊張不安。

❹宮城：由於良田身材過於矮小，沒有像宗太擁有主宰球場的能力，眾人甚至母親都認為他無法取代哥哥，哥哥的優異表現反而成為良田的壓力。另一方面，母親沉浸在懷念哥哥的哀傷情緒中，相對忽視良田的感受，將他視為沒長大的孩子。

籃球是母子彼此的心結陰影。母親想拋棄籃球、忘記喪子哀傷，偏偏宮城想掌握籃球，超越哥哥的成就，扛起主將與照顧家庭的責任。

湘北：一開始靠三井壽多次的三分球取得領先，山王立即採取新策略，包夾最矮小的宮城良田，讓他無法運球過半場，山王開始反攻，逆勢領先。

❺宮城：母親帶著良田與妹妹搬到神奈川縣、轉換環境與就學。沒有隊友的他更孤單了，只能獨自練球。

湘北：需要協助宮城突破，但是多一個人協助宮城，就會出現漏洞，得靠他自己克服難關。

❻宮城：後來加入湘北高中籃球隊，遇到不良少年挑釁，大打一架，最後還騎車出車禍，得住院治療、長期復健。

湘北：赤木、流川與櫻木努力進攻，但是在山王嚴密防守下，不易得分。

❼宮城：宮城重返球隊，與隊友一起努力，終於打進全國大賽。他內心陰影仍在，包括母親對他的忽視，加上對手是全國第一的強敵，跟他打同樣控球後衛位置

的深津一成，身材比他高大，對抗起來會更吃力，這是他的隱憂。

湘北：宮城頂住包夾壓力，控球到前場組織進攻，櫻木搶下很多籃板，為球隊增加得分機會。但是櫻木搶球受傷，必須下場休息，失去場上優勢。

❽ 宮城：宮城希望藉由這場全國大賽證明實力，走出哥哥的陰影。他戴著哥哥留下的紅色護腕，象徵兄弟一起出賽。出發前一天，留下一封信給母親：「本來因為哥哥的關係，你應該要很討厭我打籃球。但沒有，謝謝你一直支持著我。」

湘北：流川楓一直被嚴加防守，但利用機會突破得分，分數仍然落後。只剩最後五分鐘，教練喊暫停，櫻木再度上場，激勵湘北士氣。

❾ 宮城與湘北籃球隊兩條故事線結合：

暫停時間宮城提醒每位隊友，如何分工合作執行進攻策略，並對大家加油打氣。每次運球過半場，他總是高喊：「好，讓我們再進一球。」

最後一分鐘，湘北落後一分，全場無聲，只有球員的心跳聲與籃球彈跳聲。

比賽結束，湘北贏了一分，終於擊敗強敵。沒想到隔天的第二戰，湘北球員因為第一場耗盡氣力，也有傷兵，意外輸了，只能淘汰回家，留下遺憾。

視角回到宮城：

宮城回到神奈川海邊，找到母親。面對遼闊大海，母子終於和解了。

為自己留下故事印記

《灌籃高手The First Slam Dunk》是井上雄彥超越井上雄彥的成熟作品。他不重複自己過往的成功，透過新的敘事傳達更深刻的內涵。

平凡的宮城是井上雄彥在漫畫界的寫照。宮城在場上能夠展現穿針引線、突破防守的應變能力，來自他在生活與球場的鬥志。我們也像宮城面對人生各種艱難挑戰，即使失敗仍要爬起來，生存就是一場無止境的爭戰。

井上雄彥跟湯姆．克魯斯的《捍衛戰士2》一樣，歷經多年努力，為自己留下在世上的印記。為了呈現真實感受，《捍衛戰士2》的演員得親自上陣飛行，讓觀眾跟他們一起經歷實際壓力，就如同我們跟著宮城一起呼吸吶喊、奮力掙扎的感受。

我也想留下超越自己的故事印記。七年前，我出版《走自己的路，做有故事的人》，主題是如何成為一個獨立思考與創新行動的人，才是有故事的人。我認為要先有自己的真實故事，而非只是展現口語魅力的表面工夫，這無法真正打動人心、創造改變的力量。

當時這本書寫了一些說故事概念與架構，以及實踐的創新方法，但不夠深入。我也一直在人生與職涯發展的迷霧中掙扎，甚至懷疑自己真的是有故事的人嗎？

我得先累積更多故事、更好的故事，才能回答這個疑問。我專注探索與實踐兩個領域，第一是風土領域，累積更多經驗與方法之後，寫出《風土經濟學》與《風土創業學》。第二是思考表達技能，逐步建立自己的方法論與敘事寫作風格，陸續完成《精準寫作》、《精準提問》與《精準敘事》。

我的故事印記就濃縮在不同主題的著作裡。「別寫你知道的事，去探索你想搞懂的領域。」《寫小說就這樣?!》寫著，「作家就是探險家。」

故事之戰的時代

我發現成為一個有故事的人並不是目標，而是探險的過程。在不斷滾動的人生中，如何用更好的敘事超越既有的敘事，需要不斷重新定義自己，找出自己的bug，才不會自我陶醉與耽溺，被無情的環境淘汰。

為什麼會這麼說？因為故事有既保守又創新的矛盾本質。故事是已發生的過去，常常是一個人或組織藉由故事強化彼此信念，找出我們是誰的凝聚力量。但故事不是只為了撫慰過去、團結人心，更有創新前瞻的力量。故事真正的意義是要突破「例行」的限制，成為改變現狀、吸引人的「例外」，透過曲折變化的故事，才會讓人好奇與想像。

我們正處在一場故事之戰的時代，更需要獨立思考與判斷的能力。在社群媒體、影視世界、各種商業、政治、族群與宗教的價值衝突時代，故事變成最容易激勵人心、甚至操弄人心的敘事洗腦手段。「改變我們的感受、思想，也改變了我們消費、投票、表達關心的方式。」《故事洗腦術》就強調故事邪惡的另一面。

有兩種方式可以抵禦故事之戰。首先**不只聽其言、更要觀其行**，透過觀察名人或是意見領袖，如果這幾年內總是講重複、了無新意的故事，甚至用熱門的專有名詞與話術來包裝自己，就要放大檢視是否有實際行動來支持他的訴求。

第二是**培養多角度的敘事能力**。透過實地交流訪談，或是多元閱讀來了解不同族群、團體或角色的故事，活用多重視角來認識與感受世界的多樣性，以更包容的理解對話、更切實的行動帶來更好的改變。

我們只能以更好的敘事超越既有的敘事，才能讓故事持續活化。這也是《精準敘事》主張Wow的力量，先運用好奇心找到好故事，再運用敘事力傳達讓人驚奇的故事。

你想為這個世界述說什麼Wow的故事呢？「你愈鍾愛一段回憶，它便愈加鮮明，愈加奇妙。」大文學家弗拉基米爾·納博科夫（Vladimir Nabokov）在自傳《說吧，記憶》寫著。

先讓記憶說話，才能擁有故事。就從你最鍾愛的一段記憶開始說起吧，我想聽。

參考書目

前言

《敘事本能：為什麼大腦愛編故事》（*Der Erzählinstinkt : Warum das Gehirn in Geschichten denkt*），錫費（Werner Siefer），如果出版，2019（已絕版）。

《風土餐桌小旅行：12個小地方的飲食人類學筆記》，洪震宇著，遠流，2014。

《李國修編導演教室》，黃致凱著，平安文化，2014。

《精準寫作》，洪震宇，漫遊者文化，2020。

《精準提問》，洪震宇，漫遊者文化，2022。

第一章

《人類大歷史：從野獸到扮演上帝》（*Sapiens: A Brief History of Humankind*），哈拉瑞（Yuval Noah Harari），天下文化，2022。

《故事・知識・權力：敘事治療的力量》（*Narrative Means to Therapeutic Ends*），麥克・懷特、大

衛・艾普斯頓（Michael White, David Epston），心靈工坊，2018。

《未來在等待的人才》（*A Whole New Mind Moving from the Information Age to the Conceptual Age*），丹尼爾・品克（Daniel Pink），大塊文化，2006。

第三章

《資料故事時代：大數據時代的未來，將由資料「說書人」定義！亞馬遜、微軟等企業巨擘都在用》（*Effective Data Storytelling: How to Drive Change with Data, Narrative and Visuals*），布倫特・戴克斯（Brent Dykes），大牌出版，2022。

《大腦的鏡像學習法》（*Mirror Thinking*），菲歐娜・默登（Fiona Murdene），遠流，2021。

《管理就像一齣戲：皇家莎士比亞劇團導演教你，完美扮演領導者，激發團隊創造力》（*The Illusion of Leadership*），皮爾斯・易本生（Piers Ibbotson），漫遊者文化，2014（已絕版）。

第四章

《大小說家如何唬了你？一句話就拐走大腦的情節製作術》（*Wired for Story: The Writer's Guide to Using Brain Science to Hook Readers from the Very First Sentence*），麗莎・克隆（Lisa Cron），大寫出版，2014（已絕版）。

《逆向工程，你我都能變優秀的祕訣：全球頂尖創新者、運動員、藝術家共同實證》（*Decoding Greatness: How the Best in the World Reverse Engineer Success*），朗恩・傅利曼（Ron Friedman），方智，2022。

第五章

《故事的解剖：跟好萊塢編劇教父學習說故事的技藝，打造獨一無二的內容、結構與風格》（*STORY：Substance, Structure, Style and the Principles of Screenwriting*），羅伯特．麥基（Robert McKee），漫遊者文化，2014。

《作家之路：從英雄的旅程學習說一個好故事》（*The Writer's Journey: Mythic Structure for Writers*），克里斯多夫．佛格勒（Christopher Vogler），商周出版，2013。

《先讓英雄救貓咪：你這輩子唯一需要的電影編劇指南》（*Save the Cat!: The Last Book on Screenwriting That You'll Ever Need*），布萊克．史奈德（Blake Snyder），雲夢千里，2014。

《長篇小說的技藝》（*Writing Fiction(10th edition): A Guide to Narrative Craft*），珍妮．伯羅薇、伊利莎白．斯特基—弗蘭奇、內德．斯特基—弗蘭奇（Janet Burroway, Elizabeth Stuckey-French, Ned Stuckey-French），麥田，2022。

第六章

《先問，為什麼？：顛覆慣性思考的黃金圈理論，啟動你的感召領導力》（*Start with Why*），賽門．西奈克（Simon Sinek），天下雜誌，2018。

《人物的解剖：跟好萊塢編劇教父學習角色研究的技藝，挖掘人物的四個自我，深究人性的課題，建立渾然一體的人物角色宇宙》（*Character: The Art of Role and Cast Design for Page, Stage, and Screen*），羅伯特．麥基（Robert McKee），漫遊者文化，2022。

《角色人物內心戲攻略：九型人格建構人物，八種角色帶動故事衝突！教你成功塑造人物的法則》

（*The Inner Game of Screenwriting: 20 Winning Story Forms*），山迪・法蘭克（Sandy Frank），原點，2021。
《內在英雄》（*The Hero Within*），卡蘿・皮爾森（Carol S. Pearson），立緒，2019。

第七章

《詩學》（*Ars poetica*），亞里斯多德（Aristotle），五南，2019。

第八章

《勾引大腦：沉浸式的故事力，讓任何人為你的說法買單》（*Story or Die*），麗莎・克隆（Lisa Cron），遠流，2021。

第九章

《亞馬遜逆向工作法：揭密全球最大電商的經營思維》（*Working Backwards: Insights, Stories, and Secrets from Inside Amazon*），柯林・布萊爾、比爾・卡爾（Colin Bryar, Bill Carr），天下文化，2021。
《貝佐斯寫給股東的信：亞馬遜14條成長法則帶你事業、人生一起飛》（*The Bezos Letters: 14 Principles to Grow Your Business Like Amazon*），史蒂夫・安德森、凱倫・安德森（Steve Anderson, Karen Anderson），大塊文化，2019。

《顛覆致勝：貝佐斯的「第一天」創業信仰，打造稱霸全世界的Amazon帝國》（*The Amazon Management System*），瑞姆・夏藍（Ram Charan），遠流，2021。

第十章

《創新者的修練：對未來的預測，決定我們的策略選擇》（*Seeing What's Next: Using the Theories of Innovation to Predict Industry Change*），克雷頓・克里斯汀生、史考特・安東尼、艾力克・羅斯（Clayton M. Christensen, Scott D. Anthony, Erik A. Roth），天下雜誌，2017。
《你要如何衡量你的人生：哈佛商學院最重要的一堂課》（*How Will You Measure Your Life?*），克雷頓・克里斯汀生、詹姆斯・歐沃斯、凱倫・狄倫（Clayton M. Christensen, James Allworth, Karen Dillon），天下文化，2022。

第十一章

《學生為什麼不喜歡上學？：認知心理學家解開大腦學習的運作結構，原來大腦喜歡這樣學》，（*Why Don't Students Like School?: A Cognitive Scientist Answers Questions About How the Mind Works and What It Means for the Classroom*），丹尼爾・威靈漢（Daniel T. Willingham），久石文化，2018。
《大腦如何精準學習》（*How We Learn*），史坦尼斯勒斯・狄漢（Stanislas Dehaene），遠流，2020。
《大腦喜歡這樣學，強效教學版》（*Uncommon Sense Teaching: Practical Insights in Brain Science to Help Students Learn*），芭芭拉・歐克莉、貝絲・羅戈沃斯基、泰倫斯・索諾斯基（Barbara Oakley,

Beth Rogowsky, Terrence Joseph Sejnowski），木馬文化，2021。

《成長性思維學習指南：幫助孩子達成目標，打造心態致勝的實戰教室》（*The Growth Mindset Coach: A Teacher's Month-by-Month Handbook for Empowering Students to Achieve*），安妮．布魯克、希瑟．韓德利（Annie Brock, Heather Hundley），親子天下，2023。

《風土創業學：地方創生的25堂商業模式課》，洪震宇，遠流，2021。

《風土經濟學：地方創生的21堂風土設計課》洪震宇，遠流，2019。

結語

《走自己的路，做有故事的人：從生活脈絡尋找改變的力量》，洪震宇，時報，2016。

《寫小說就這樣?!：給青年作家的信》（*Letters to a Young Writer*），卡倫姆．麥坎（Colum McCann），聯經出版，2021。

《故事洗腦術：從商業行銷、形象塑造到議題宣傳都在用的思想控制法則》（*The Story Paradox: How Our Love of Storytelling Builds Societies and Tears them Down*），強納森．歌德夏（Jonathan Gottschall），高寶，2022。

《說吧，記憶》（*Speak, Memory*），納博科夫（Vladimir Nabokov），大塊文化，2006（已絕版）。

精準敘事

12 堂課掌握說真實故事的能力，把你的經驗和專業變成感動人心的內容

作　　者　洪震宇
美術設計　許紘維
內文構成　藍天圖文宣字社
校　　對　呂佳真
行銷企劃　蕭浩仰、江紫涓
行銷統籌　駱漢琦
業務發行　邱紹溢
營運顧問　郭其彬
責任編輯　張貝雯
總 編 輯　李亞南
出　　版　漫遊者文化事業股份有限公司
地　　址　台北市103大同區重慶北路二段88號2樓之6
電　　話　(02) 2715-2022
傳　　真　(02) 2715-2021
服務信箱　service@azothbooks.com
網路書店　www.azothbooks.com
臉　　書　www.facebook.com/azothbooks.read
營運統籌　大雁文化事業股份有限公司
地　　址　新北市231新店區北新路三段207-3號5樓
電　　話　(02) 8913-1005
訂單傳真　(02) 8913-1056
初版一刷　2023年5月
初版五刷　2024年2月
定　　價　台幣450元（平裝）

國家圖書館出版品預行編目 (CIP) 資料

精準敘事：12 堂課掌握說真實故事的能力，把你的經驗和專業變成感動人心的內容／洪震宇著. -- 初版. -- 臺北市：漫遊者文化事業股份有限公司, 2023.05
272 面；14.8×21 公分
ISBN 978-986-489-788-9（平裝）
1. CST：簡報 2. CST：演說術 3. CST：職場成功法
494.35　112005489

ISBN　978-986-489-788-9